工业机器人技术基础

姚　屏　肖苏华　孙洪颖　莫　玲

刘玉玲　蒋贤海　莫　夫　李玉忠　编著

姚　宏　龚雄文　朱　强　林泓延

机械工业出版社

本书系统介绍了工业机器人的基础理论、关键技术，主要内容包括工业机器人的机械结构、工业机器人运动学和动力学、工业机器人的传感系统、工业机器人的控制系统、典型工业机器人的操作与编程、工业机器人的离线编程与仿真、工业机器人的典型行业应用。为提升读者的机器人操作应用水平，本书还介绍了ABB、广州数控等典型机器人的编程操作基础、常见离线编程仿真系统，同时以焊接工作站、喷涂工作站等为典型实例，详细说明了不同机器人工作站的设计方法与应用准则。本书还配备有教学课件、视频、思维导图、练习题等教学资源。

　　本书内容系统全面、选材典型、案例丰富、深入浅出、可读性强，可作为本科和职业院校机器人、智能制造及相关专业的教学用书，也可供从事工业机器人研究、开发及应用的科研工作者和工程技术人员参考。

图书在版编目（CIP）数据

工业机器人技术基础/姚屏等编著. —北京：机械工业出版社，2020.8
（2025.3 重印）
ISBN 978-7-111-65964-8

Ⅰ.①工… Ⅱ.①姚… Ⅲ.①工业机器人 Ⅳ.①TP242.2

中国版本图书馆 CIP 数据核字（2020）第 113416 号

机械工业出版社（北京市百万庄大街 22 号　邮政编码 100037）
策划编辑：王　博　责任编辑：王　博　关晓飞
责任校对：张晓蓉　封面设计：马精明
责任印制：任维东
北京中兴印刷有限公司印刷
2025 年 3 月第 1 版第 13 次印刷
184mm×260mm · 14 印张 · 342 千字
标准书号：ISBN 978-7-111-65964-8
定价：48.80 元

电话服务　　　　　　　　　　　网络服务
客服电话：010-88361066　　　　机　工　官　网：www.cmpbook.com
　　　　　010-88379833　　　　机　工　官　博：weibo.com/cmp1952
　　　　　010-68326294　　　　金　书　网：www.golden-book.com
封底无防伪标均为盗版　　　　　机工教育服务网：www.cmpedu.com

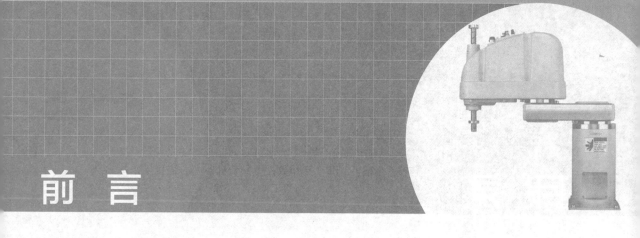

前　言

随着劳动力成本的上涨和机器人各项技术日趋成熟，制造业"机器换人"已是大势所趋。各院校纷纷开设机器人专业，工程技术人员也纷纷学习工业机器人及其相关技术。在此背景下，优秀的工业机器人技术基础教材便显得尤为重要。

本书编写团队在全面调研的基础上，充分考虑内容的先进性与前沿性，紧密联系当前技术发展趋势与学习的需要，结合多年来的教学经验规划了全书的结构与内容。

全书分为 8 章，每章通过导言启发式导入，再图文并茂地对内容进行呈现，最后用思维导图进行分步归纳总结，并通过类型多样的练习题反复训练，提高学习效果。

全书内容精心编排，力争覆盖工业机器人技术及应用方面的大部分知识点，并对主流的工业机器人、主流的仿真软件、主要的工作站类型进行了全面介绍。通过对本书的学习，读者能迅速了解工业机器人各类技术的基础知识，构建较为全面的工业机器人知识体系，为进一步深入学习打下良好的基础。

本书采用双色印刷，使重点内容更突出，编排形式更生动。本书还配备了大量的教学微课等一体化学习资源，并配套提供指导学习的课件、教学大纲、进度表、高清思维导图和视频等资源，以及练习题、习题详解等资料，便于教师进行教学设计与学生学习。读者登录本书配套的教学化课程网站 www.cmpedu.com 可获取数字化学习资源。此外，还可登录学银在线（www.xueyinonline.com/detail/222547377）进行本课程在线学习。为保证内容贴近前沿，后台资源将保持更新。

本书由广东技术师范大学姚屏教授、肖苏华教授、孙洪颖博士、莫玲博士、刘玉玲老师、林泓延，广东技术师范大学天河学院李玉忠教授，广东机电职业技术学院姚宏老师，广州城市职业学院龚雄文老师，广东科技学院莫夫老师，广东开放大学朱强博士，广东水利电力职业技术学院蒋贤海博士编著。广东技术师范大学黄玉凤、黄舒薇、梁小焕等参与配套学习资源开发。北京理工大学周亢博士，黄埔职业技术学校陈民聪副校长，广东技术师范大学王晓军、郑振兴教授审阅了本书，并提出了许多宝贵的意见和建议，对本书编写工作给予了大力支持，在此郑重致谢。

由于编者水平所限，书中难免存在不足之处，恳请广大读者批评指正。

编　者

目 录

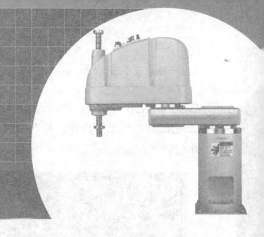

第 1 章
工业机器人概述

1.1　工业机器人的发展史和定义

本节导入

　　近年来，随着劳动力成本不断上涨，工业领域"机器换人"现象普遍，工业机器人市场与产业也因此逐渐发展起来。工业机器人是机器人中的一种，它们多用于工业生产。那么，世界上第一台机器人是谁？它诞生于哪一年？机器人经历多少年的发展才到现在的程度？工业机器人又是如何定义的？

1.1.1　工业机器人的发展史

　　机器人的英文名字 robot（罗伯特）源于捷克语 robota，意思是劳役、苦工。这个词第一次出现是在捷克剧作家卡尔·查别克的作品《罗萨姆的万能机器人》（见图 1-1）中，

本节思维导图　　微课视频

后来变得家喻户晓。起初，人们印象中的机器人并非现实的东西，要么出现在科幻文学作品中，要么出现在玩具商店中。

图 1-1　《罗萨姆的万能机器人》剧照

　　20 世纪 50 年代，约瑟夫·恩格尔伯格（美）与他的合作伙伴乔治·德沃尔（美）（见图 1-2）设计发明出世界上第一台工业机器人 Unimate（尤尼梅特）（见图 1-3），意思为万能

自动机。它是一台用于压铸的 5 轴液压驱动机器人，手臂的控制由一台计算机完成，能够记忆完成 180 个工作步骤。作为世界上第一台工业机器人的设计者和第一家机器人企业的联合开创者，约瑟夫·恩格尔伯格也从此被称为"机器人之父"。

图 1-2　Unimation 公司创始人乔治·德沃尔
（右）与约瑟夫·恩格尔伯格（左）

图 1-3　Unimate 投入到通用汽车公司（GM）
的一条汽车装配生产线工作

　　1962 年，美国机械与铸造公司（AMF）试制出 Versatran（沃萨特兰）工业机器人，意思为多用途搬运机器人，如图 1-4 所示。它主要用于机器之间的物料运输。它的手臂可以绕底座回转，沿垂直方向升降，也可以沿半径方向伸缩。

　　在工业机器人问世的最初十年，机器人技术的发展较为缓慢，主要停留在大学和研究所的实验室里。虽然在这一阶段也取得了一些研究成果，但没有形成生产力且应用较少，代表性的机器人就是上文提到的美国 Unimation 公司的 Unimate 机器人和美国 AFM 公司的 Versatran 机器人。

　　20 世纪 70 年代，随着人工智能、自动控制理论、电子计算机等技术的发展，机器人技术进入了一个新的发展阶段，机器人进入工业生产的实用化时代，最具代表性的机器人是美国 Unima-

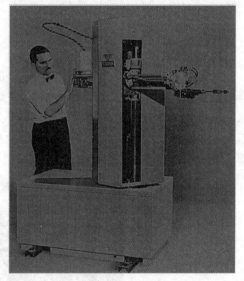

图 1-4　工程师在检查 Versatran 工业机器人

tion 公司的 PUMA 系列工业机器人和日本山梨大学牧野洋研制的 SCARA 机器人。

　　1973 年，第一台机电驱动的 6 轴机器人面世。德国 KUKA（库卡）公司将其使用的 Unimate 机器人改造成一种新型的机器人，命名为 Famulus（见图 1-5），这是世界上第一台机电驱动的 6 轴机器人。

　　1974 年，瑞典通用电机公司（ASEA，ABB 公司的前身）开发出世界上第一台全电力驱动的工业机器人 IRB 6。IRB 6 采用仿人化设计，其手臂动作模仿人类的手臂。

　　1978 年，美国 Unimation 公司推出通用工业机器人（Programmable Universal Machine for

Assembly，PUMA），应用于通用汽车装配线，这标志着工业机器人技术已经成熟。PUMA 机器人如图 1-6 所示。PUMA 至今仍然工作在工厂第一线，不仅如此，有些大学还用 PUMA 系列的工业机器人作为教具。

图 1-5　Famulus 机器人

图 1-6　PUMA 机器人

1978 年，日本山梨大学的牧野洋发明了 SCARA（Selective Compliance Assembly Robot Arm），意为选择顺应性装配机器手臂。它具有四个轴和四个运动自由度（包括沿 X、Y、Z 轴方向的平移和绕 Z 轴的旋转自由度），是世界上第一台 SCARA 工业机器人，如图 1-7 所示。

20 世纪 80 年代，机器人开始在汽车、电子等行业中大量使用，从而推动了机器人产业的发展。机器人的研究开发，无论水平和规模都得到迅速发展，工业机器人进入普及时代。然而，到了 20 世纪 80 年代后期，由于工业机器人的应用没有得到充分挖掘，不少机器人厂家倒闭，机器人的研究跌入低谷。

图 1-7　SCARA 工业机器人

20 世纪 90 年代中后期，机器人产业出现复苏，世界上机器人的数量以较大增长率逐年增加，并以较好的发展势头进入 21 世纪。近年来，机器人产业发展迅猛。

扫码了解最新全球机器人发展情况

美国是最早研发机器人的国家，也是机器人应用最广泛的国家之一。近年来，美国为了强化其产业在全球的市场份额以及保护美国国内制造业持续增长的趋势，一方面鼓励工业界发展和应用机器人，另一方面制订计划，增加机器人科研经费，把机器人看成美国再次工业化的象征，迅速发展机器人产业。美国机器人发展道路虽然有些曲折，但是其在性能可靠性、机器人语言、智能技术等方面一直处于领先水平。

日本的机器人产业虽然发展晚于美国，但是日本善于引进和消化国内外的先进技术，自 1967 年日本川崎重工率先从美国引进工业机器人技术后，日本政府在技术、政策和经济上都采取措施加以扶持，日本的工业机器人迅速走出了试验应用阶段，并进入到成熟产品大量应用的阶段，20世纪80年代成立了日本机器人协会，在汽车与电子等行业大量使用机器人，实现工业机器人的普及。如今，无论机器人的数量还是机器人的密度，日本都位居世界第一，有"机器人王国"之称。

德国引进机器人的时间比较晚，但是由于战争导致劳动力短缺以及国民的技术水平比较高等因素，促进了其工业机器人的快速发展。20世纪70年代德国就开始了"机器换人"的过程。同时，德国政府通过长期资助和产学研结合扶植了一批机器人产业和人才梯队，如德系机器人厂商KUKA机器人公司。随着德国工业迈向以智能生产为代表的"工业4.0"时代，德国企业对工业机器人的需求将继续增加。目前，德国工业机器人的总数位居世界第二位，仅次于日本。

法国政府一直比较重视机器人技术，通过大力支持一系列研究计划，建立了一套完整的科学技术体系，使法国机器人发展比较顺利。在政府组织项目中，特别注重机器人基础技术方面的研究，把重点放在开展机器人基础研究上，应用和开发方面的工作则由工业界支持开展。两者相辅相成，使机器人在法国企业界得以迅速发展和普及，从而使法国在国际工业机器人界拥有不可或缺的一席之地。

英国从20世纪70年代末开始，推行并实施了一系列支持机器人发展的政策，使英国工业机器人起步比当今的机器人大国日本还要早，并取得了早期的辉煌。然而，这时候政府对工业机器人实行了限制发展的错误措施，导致英国的机器人工业一蹶不振，在西欧几乎处于末位。

近些年，意大利、瑞典、西班牙、芬兰、丹麦等国家由于国内对机器人的大量需求，机器人产业发展也非常迅速。

我国工业机器人的起步比较晚，开始于20世纪70年代，大体可以分为四个阶段，即理论研究阶段、样机研发阶段、示范应用阶段和产业化阶段。理论研究阶段开始于20世纪70年代。这一阶段主要由高校对机器人基础理论进行研究，在机器人机构学、运动学、动力学、控制理论等方面均取得了可喜的进展。样机研发阶段开始于20世纪80年代中期，随着工业机器人在发达国家的大量使用和普及，我国工业机器人的研究得到政府的重视与支持，机器人步入了跨越式发展时期。20世纪90年代是我国工业机器人示范应用阶段。为了促进高技术发展与国民经济发展的密切衔接，国家确定了特种机器人与工业机器人及其应用工程并重、以应用带动关键技术和基础研究的发展方针。这一阶段共研制出7种工业机器人系列产品，并实施了100余项机器人应用工程。同时，为了促进国产机器人的产业化，到20世纪90年代末期共建立了9个机器人产业化基地和7个科研基地。进入21世纪，我国工业机器人进入了产业化阶段。在这一阶段涌现出以新松机器人为代表的多家从事工业机器人生产的企业，自主研制了多种工业机器人系列，并成功应用于汽车点焊、货物搬运等工作。经过40多年的发展，我国在工业机器人基础技术和工程应用上取得了快速发展，奠定了独立自主发展机器人产业的基础。在外企纷纷通过合资企业使得自己更加适合我国市场生态的同时，国内企业也在纷纷抢滩。我国机器人也出现了不少自主和合资品牌，如沈阳新松、广州数控、南京埃斯顿、安徽埃夫特、安川首钢等。

扫码了解最新我国机器人市场结构与应用

机器人技术的发展，一方面表现在机器人应用领域的扩大和机器人种类的增多，另一方面表现在机器人的智能化趋势。进入21世纪以来，各个国家在机器人的智能化和拟人机器人上投入了大量的人力和财力。新一代工业机器人正在向智能化、柔性化、网络化、人性化和编程图形化方向发展。

1.1.2　工业机器人的定义

如图 1-8 所示，工业机器人多种多样，不仅仅是用途多样、驱动方式多样，还有智能化程度不同、控制方式多样等。那么，如何定义工业机器人？

图 1-8　多种多样的工业机器人

至今为止，国际上还没有工业机器人的统一定义。如果要给工业机器人下一个合适的并为人们普遍接受的定义是困难的。专家们会采用不同的方法来定义这个术语。为了制订技术标准、开发机器人新的工作能力，比较不同国家和公司的产品，就需要对工业机器人这一术语有某些共同的理解。现在，虽然对工业机器人还没有统一的定义，但是各国有自己的定义。

关于机器人的定义，国际上主要有如下几种。

（1）英国《简明牛津词典》的定义　工业机器人是"貌似人的自动机，具有智力的和顺从于人的但不具人格的机器"。这一定义并不完全正确，因为还不存在与人类相似的机器人在运行。这是理想的机器人。

（2）美国机器人协会（RIA）的定义　工业机器人是"一种用于移动各种材料、零件、工具或专用装置，通过可编程序的动作来执行各种任务，并具有编程能力的多功能机械"。尽管这一定义较实用，但并不全面。

（3）日本工业机器人协会（JIRA）的定义　工业机器人是"一种具有记忆装置和末端执行器，能够转动并通过自动完成各种移动来代替人类劳动的通用机器"。

（4）美国国家标准局（NBS）的定义　工业机器人是"一种能够进行编程并在自动控

制下执行某些操作和移动作业任务的机械装置"。这也是一种比较广义的工业机器人定义。

（5）国际标准组织（ISO）的定义 工业机器人是"一种自动的、位置可控的、具有编程能力的多功能机械手，这种机械手具有几个轴，能够借助于可编程序的操作来处理各种材料、零件、工具和专用装置，以执行各种任务"。显然，这一定义与美国机器人协会的定义相似。而ISO 8373对工业机器人给出了更具体的解释："机器人具备自动控制及可再编程序、多用途功能，机器人操作机具有三个或三个以上可编程序的轴，在工业自动化应用中，机器人的底座可固定也可移动。"

（6）我国对工业机器人的定义 《中国大百科全书》对工业机器人的定义为："能灵活地完成特定的操作和运动任务，并可再编程序的多功能操作器。"对机械手的定义为："一种模拟人手操作的自动机械，它可按固定程序抓取、搬运物件或操持工具完成某些特定操作。"

我国科学家对工业机器人的定义是："工业机器人是一种自动化的机器，具备一些与人或生物相似的智能能力，如感知能力、规划能力、动作能力和协同能力，是一种具有高度灵活性的自动化机器。"

由于机器人一直在随科技的进步而发展出新的功能，因此工业机器人的定义还是一个未确定的问题，目前国际上大都遵循ISO所下的定义。

由以上定义不难发现，工业机器人具有四个显著特点：

1）具有特定的机械机构，其动作具有类似于人或其他生物的某些器官（肢体、感受等）的功能。

2）具有通用性，可完成多种工作、任务，可灵活改变动作程序。

3）具有不同程度的智能，如记忆、感知、推理、决策、学习等。

4）具有独立性，完整的机器人系统在工作中可以不依赖人的干预。

1.2 工业机器人的分类

本节导入

工业机器人的分类方法很多，本节分别按机器人的坐标特性、控制方式、拓扑结构、智能程度、驱动方式和应用领域分类。

1.2.1 按工业机器人的坐标特性分类

工业机器人的机械配置形式多种多样，典型机器人的机构运动特性是用其坐标特性来描述的。根据坐标特性的不同，工业机器人通常可分为直角坐标机器人、柱面坐标机器人、球面坐标机器人和多关节型机器人等类型。

本节思维导图

扫码观看
相关动画

扫码观看
相关动画

扫码观看
相关动画

扫码观看
相关动画

1. 直角坐标机器人

直角坐标机器人具有空间上相互垂直的多个直线移动轴，通常为 3 个轴，其动作空间为一长方体。如图 1-9 所示，通过直角坐标方向的 3 个独立自由度确定其末端执行器的空间位置。直角坐标机器人结构简单，定位精度高，空间轨迹易于求解；但其动作范围相对较小，设备的空间因数较低，实现相同的动作空间要求时，机体本身的体积较大。

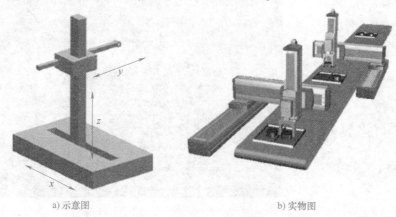

a) 示意图   b) 实物图

图 1-9　直角坐标机器人

2. 柱面坐标机器人

柱面坐标机器人主要由旋转基座、垂直移动轴和水平移动轴构成，具有一个回转和两个平移自由度，其动作空间呈圆柱形。如图 1-10 所示，R、θ 和 z 为坐标系的三个坐标，其中 R 是手臂的径向长度，θ 是手臂的角位置，z 是垂直方向上手臂的位置。这种机器人结构简单、刚性好，但缺点是在机器人动作范围内必须有沿轴线前后方向的移动空间，空间利用率较低。著名的 Versatran 机器人就是典型的柱面坐标机器人。

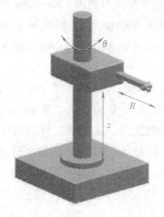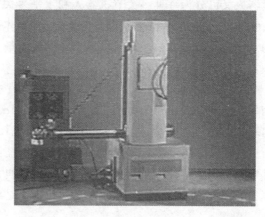

a) 示意图   b) 实物图

图 1-10　柱面坐标机器人

3. 球面坐标机器人

球面坐标机器人又称为极坐标型机器人，具有旋转、摆动和平移三个自由度，动作空间形成球面的一部分。如图 1-11 所示，R、θ 和 β 为坐标系的三个坐标，其中 R 是手臂的径向长度，θ

是绕手臂支承底座垂直轴的转动角，β 是手臂在铅垂面内的摆动角。其机械手能够前后伸缩移动、在垂直平面上摆动以及绕底座水平转动。著名的 Unimate 机器人就是这种类型的机器人。其特点是结构紧凑，所占空间体积小于直角坐标机器人和柱面坐标机器人。

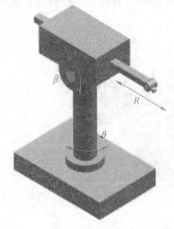

a) 示意图

b) 实物图

图 1-11　球面坐标机器人

4. 多关节型机器人

多关节型机器人由多个旋转和摆动机构组合而成。这类机器人结构紧凑，工作空间大，动作最接近人的动作，对涂装、装配、焊接等多种作业都有良好的适应性，应用范围越来越广。不少著名的机器人都采用了这种类型，其摆动方向主要有铅垂方向和水平方向两种，因此这类机器人又可分为垂直多关节机器人和水平多关节机器人。如美国 Unimation 公司推出的 PUMA 机器人就是一种垂直多关节机器人，而日本山梨大学研制的 SCARA 机器人则是一种典型的水平多关节机器人。目前世界工业界装机最多的工业机器人是 SCARA 型 4 轴机器人和串联关节型垂直 6 轴机器人。

（1）垂直多关节机器人　如图 1-12 所示，垂直多关节机器人模拟了人类的手臂功能，以其各相邻运动构件的相对角位移作为坐标系。θ、α 和 Φ 为坐标系的三个坐标，其中 θ 是绕底座铅垂轴的转角，Φ 是过底座的水平线与第一臂之间的夹角，α 是第二臂相对于第一臂的转角。这种机器人的动作空间近似一个球体，所能到达区域的形状取决于两个臂的长度比例，因此也称为多关节球面机器人。其优点是可以自由地实现三维空间的各种姿势，可以生成各种复杂形状的轨迹，且动作范围很宽，缺点是结构刚度较低，动作的绝对位置精度较低。

（2）水平多关节机器人　如图 1-13 所示，水平多关节机器人在结构上具有串联配置的两个能够在水平面内旋转的手臂，其自由度可以根据用途选择 2~4 个，ω_1、ω_2、ω_3 是绕着各轴所做的旋转运动，z 是在垂直方向所做的上下移动，其动作空间为一圆柱体。水平多关节机器人的优点是在垂直方向上的刚性好，能方便地实现二维平面上的动作，在装配作业中得到普遍应用。

a) 示意图　　　　　　　　　　　　　　　b) 实物图

图 1-12　垂直多关节机器人

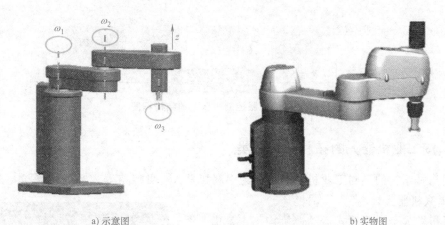

a) 示意图　　　　　　　　　　　　　　　b) 实物图

图 1-13　水平多关节机器人

1.2.2　按工业机器人的控制方式分类

根据控制方式的不同工业机器人可分为非伺服控制机器人和伺服控制机器人两种。

1. 非伺服控制机器人

非伺服控制机器人的工作能力比较有限。机器人按照预先编好的程序顺序进行工作，使用限位开关、制动器、插销板和定序器来控制机器人的运动。插销板用来预先规定机器人的工作顺序，通常是可调的。定序器是一种定序开关或步进装置，它能够按照预定的正确顺序接通驱动装置的能源。驱动装置接通能源后，就带动机器人的手臂、手腕和末端执行器等装置运动。当它们移动到由限位开关所规定的位置时，限位开关切换工作状态，给定序器送去一个工作任务已完成的信息，并使终端制动器动作，切断驱动能源，使机器人停止运动。非伺服控制机器人的结构框图如图 1-14 所示。

2. 伺服控制机器人

伺服控制机器人比非伺服控制机器人有更强的工作能力，因而价格较高，但在某些情况下不如简单的机器人可靠。伺服系统的被控制量可为机器人末端执行器的位置、速度、加速度和力等。通过传感器取得的反馈信号与来自给定装置的给定指令，用比较器加以比较后，

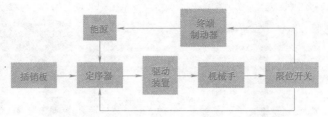

图 1-14 非伺服控制机器人的结构框图

得到误差信号，经过放大后用以激发机器人的驱动装置，进而带动末端执行器以一定的规律运动，到达规定的位置和速度等。这是一个反馈控制系统。伺服控制机器人的结构框图如图 1-15 所示。

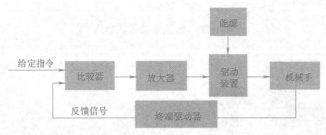

图 1-15 伺服控制机器人的结构框图

1.2.3 按工业机器人的拓扑结构分类

根据拓扑结构的不同工业机器人可分为串联机器人、并联机器人和混联机器人 3 种。

1. 串联机器人

串联机器人是一个开式运动链机构，它是由一系列的连杆通过转动关节或移动关节串联而成的，即一个轴的运动会改变另一个轴的坐标原点，相当于用一只手拿起一个东西。如图 1-16 所示，机械结构使用串联机构实现的机器人称为串联机器人。串联机器人因其结构简单、易操作、灵活性强、工作空间大等特点而得到广泛的应用。串联机器人的不足之处在于运动链较长，系统的刚度和运动精度较低。另外，由于串联机器人需在各关节上设置驱动装置，各动臂的运动惯量相对较大，因而也不宜实现高速或超高速操作。

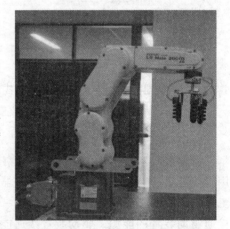

图 1-16 串联机器人

2. 并联机器人

并联机器人是一个闭环机构，包含运动平台（末端执行器）和固定平台（机架），运动平台通过至少两个独立的运动链与固定平台相连接，机构具有两个或两个以上自由度且以并联方式驱动，即一个轴运动不影响另一个轴的坐标原点，相当于两只手一起端一个东西，如图 1-17 所示。与传统串联机构相比，并联机构的零部件数目较串联机构大幅减少，主要由滚珠丝杠、伸缩压杆、滑块构件、虎克铰、球铰、伺服电动机等通用组件组成。这些通用组件由专门厂家生产，因而其制造和库存备件成本比相同功能的传统机构低，容易组装和模块化。

图 1-17　三自由度 DELTA 机器人

并联机器人的主要特点如下：

1）采用并联闭环结构，具有较大的承载能力。

2）动态性能优越，适合高速、高加速场合。

3）各个关节的误差可以相互抵消、相互弥补，运动精度高。

4）运动空间相对较小。

3. 混联机器人

混联机器人是把串联机器人和并联机器人结合起来，集合了串联机器人和并联机器人的优点，既有串联机器人工作空间大、运动灵活的特点，又有并联机器人刚度大、承载能力强的特点。具有至少一个并联机构和一个或多个串联机构，按照一定的方式组合在一起的机构称为混合机构。如图 1-18 所示，其通过一个移动关节把并联机构和串联机构结合在一起，通过前面的串联机构来拓展它的工作空间，此时机器人的末端就是一个并联机构，它具有较

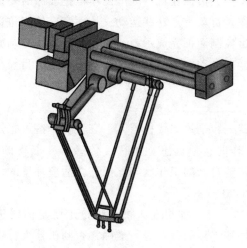

a) 示意图

b) 实物图

图 1-18　混联机器人

大的刚度和高承载能力。混联机器人有效地避开了并联机构工作空间小和串联机构刚度小、承载能力低的缺点，可以执行较大范围内快速抓取等任务。

混联机器人的特点是可在大范围工作空间中高速、高效率地完成大型物体的抓取和搬运工作，因此在物流、装配生产线上应用广泛，如码垛机器人。在物料分拣上，由于其精度高的特点，可以高精度、高响应地实现物料的高速分拣，大大地提高效率和准确度。

1.2.4 按工业机器人的智能程度分类

根据智能程度的不同工业机器人可分为示教再现机器人、感知机器人和智能机器人。

1. 示教再现机器人

示教再现机器人又称为第一代机器人，主要指只能以示教再现方式工作的工业机器人。示教内容为机器人操作机构的空间轨迹、作业条件和作业顺序等。示教是指由人教机器人运动的轨迹、停留的点位、停留的时间等，然后机器人依照操作人员教给的行为、顺序和速度重复运动，即所谓的再现。示教再现机器人如图 1-19 所示。

a) 手把手示教   b) 示教器示教

图 1-19 示教再现机器人

示教可由操作员手把手地进行。例如，操作人员抓住机器人上的喷枪把喷涂时要走的位置走一遍，机器人记住了这一连串运动，工作时自动重复这些运动，从而完成给定位置的喷涂工作。但是现在比较普遍的示教方式是通过控制面板完成示教。操作人员利用控制面板上的开关或键盘控制机器人一步一步运动，机器人自动记录下每一步，然后重复。目前在工业现场应用的机器人大多采用这一示教方式。

2. 感知机器人

感知机器人又称为传感机器人或感觉机器人，是第二代机器人，它带有一些可感知环境的装置，对外界环境有一定的感知能力。工作时，根据感觉器官（传感器）获得的信息，通过反馈控制，机器人能在一定程度上灵活调整自己的工作状态，保证在适应环境的情况下完成工作。配备视觉系统的工业机器人如图 1-20 所示。

这样的技术现在正越来越多地应用在机器人上。如机器人携带焊枪走既定曲线进行焊接，这就要求工件的一致性要好，也就是工件被焊接的位置必须准确，否则机器人行走的曲线和工件的实际焊缝位置将产生偏差。焊缝跟踪技术是在机器人上加一个传感器，通过传感器感知焊缝的位置，再通过反馈控制，使机器人自动跟踪焊缝，从而对示教的位姿进行修正。即使实际焊缝相对于原始设定的位置有变化，机器人仍然可以很好地完成焊接工作。例如 LR Mate 200iD 机器人和视觉跟踪系统相结合，对输送线上的产品（内存条）进行位置判别，如图 1-21 所示。

图 1-20　配备视觉系统的工业机器人

图 1-21　发那科 LR Mate 200iD 机器人高速整列作业

3. 智能机器人

智能机器人是第三代机器人，它不仅具有感觉能力，而且还具有独立判断和行动的能力，并具有记忆、推理和决策能力，因而能完成更加复杂的动作。智能机器人的"智能"特征在于它具有与外部世界（对象、环境和人）相适应、相协调的工作机能，从控制方式看是以一种"认知—适应"的方式自律地进行操作。

这类机器人带有很多种传感器，使机器人可以知道其自身的状态，例如在什么位置，自身的系统是否有故障等，并可通过装在机器人身上或者工作环境中的传感器感知外部的状态，例如发现道路与危险地段，测出与协作机器人的相对位置与距离以及相互作用的力等。机器人能够根据得到的这些信息进行逻辑推理、判断、决策，在变化的内部状态与外部环境中，自主决定自身的行为。

这类机器人具有高度的适应性和自治能力，这是人们努力使机器人达到的目标。经过科学家多年来不懈的研究，已经出现了很多各具特点的试验装置和大量的新方法、新思想，但是在已有的机器人中，机器人的自适应技术仍十分有限，该技术是机器人今后发展的方向。

智能机器人的发展方向大致有两种：一种是类人型智能机器人，这是人类梦想的机器人；另一种外形并不像人，但具有机器智能。

1.2.5　按工业机器人的驱动方式分类

根据驱动方式的不同，工业机器人可分为气压驱动、液压驱动、电力驱动和新型驱动 4 种类型。

1. 气压驱动

气压驱动机器人以压缩空气来驱动执行机构。这种驱动方式的优点是空气来源方便，动作迅速，结构简单，造价低；缺点是空气具有可压缩性，致使工作速度的稳定性较差。因为气源的压力较低，所以此类机器人适宜在对抓举力要求小的场合工作。

2. 液压驱动

液压驱动机器人使用液体油液来驱动执行机构。相对于气压驱动，液压驱动的机器人具有大得多的抓举力，抓举质量可高达上百千克。液压驱动机器人的优点是结构紧凑，传动平稳且动作灵敏，缺点是对密封的要求较高，且不宜在高温或低温的场合工作，要求的制造精度较高，成本较高。

3. 电力驱动

电力驱动方式是利用电动机产生的力或力矩驱动执行机构，直接或经过减速机构驱动机器人，以获得所需的位置、速度、加速度。电力驱动方式具有无污染、易于控制、运动精度高、成本低、驱动效率高等优点，其应用最广泛。目前越来越多的机器人采用电力驱动方式，这不仅是因为电动机可供选择的品种众多，更因为可以运用多种灵活的控制方法。

4. 新型驱动

随着机器人技术的发展，出现了利用新技术制造的新型驱动器，如静电驱动器、压电驱动器、形状记忆合金驱动器、人工肌肉及光驱动器等。

1.2.6 按工业机器人的应用领域分类

工业机器人是在工业生产中使用的机器人的总称，其应用领域很宽。比如工业机器人应用在农业上，用机器人进行水果和棉花的收摘、农产品和肥料的搬运储藏、施肥和农药喷洒等，已经把农业看成是一种特种工业。工业机器人在医疗领域也有很多应用，目前主要用于完成工业生产中的某些作业。根据应用领域的不同工业机器人可分为焊接、搬运、装配、喷涂和处理机器人，如图 1-22 所示。

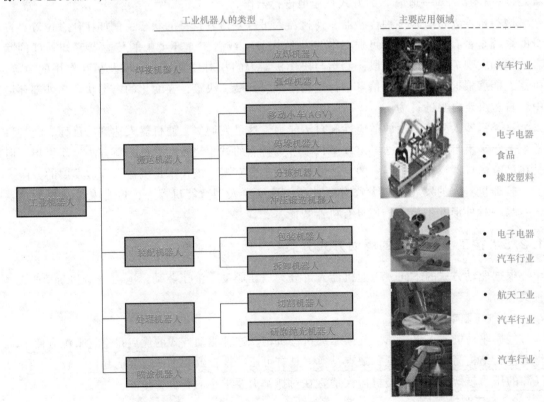

图 1-22 按工业机器人的应用领域分类

总而言之，工业机器人的应用领域主要在以下三个方面：恶劣工作环境、危险工作场合、特殊作业场合。工业机器人也常用于自动化生产领域。

1.3　工业机器人的基本组成与主要参数

本节导入

工业机器人是面向工业领域的多关节机械手或多自由度的机器人。工业机器人分为很多种，如装配机器人、喷涂机器人、搬运机器人、焊接机器人、抛光打磨机器人等。这些机器人虽然工作环境不一样，工作时间不一样，但是它们也有一些共同点。无论机器人的工作是什么，它们的基本组成是一样的。那么，工业机器人由哪些部分组成？工业机器人的种类、用途以及用户要求都不一样，选用工业机器人时需要考虑的主要参数又有哪些？

1.3.1　工业机器人的基本组成

工业机器人的功能不同，其结构、外形也不相同，但是大部分工业机器人的基本组成是一样的。

本节思维导图

工业机器人是一种模拟手臂、手腕和手的功能的机电一体化装置。一台通用的工业机器人从体系结构来看，可分为机器人本体、控制器与控制系统、示教器（TP）三大部分，如图 1-23 所示。

1. 机器人本体

机器人本体也称为操作机，是工业机器人的工作主体，是完成各种作业的执行机构，主要由机械臂、驱动与传动装置以及各种内外传感器组成，如图 1-24 所示。

图 1-23　工业机器人的基本组成

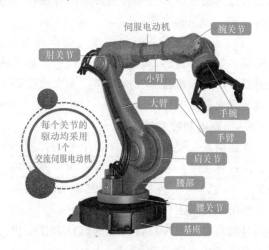

图 1-24　关节型工业机器人本体的基本构造

注：机器人本体的每个关节均采用 1 个交流伺服电动机驱动。

（1）机械臂　大部分工业机器人为关节型机器人，关节型机器人的机械臂是由关节连在一起的许多机械连杆的集合体。它本质上是一个拟人手臂的空间开链式机构，一端固定在基座上，另一端可自由运动。关节通常是移动关节和旋转关节，移动关节允许连杆作直线移动，旋转关节仅允许在连杆之间发生旋转运动。由关节-连杆结构所构成的机械臂大体可分为基座、腰部、手臂（大臂和小臂）和手腕4部分，由4个独立旋转关节（腰关节、肩关节、肘关节和腕关节）串联而成，如图1-24所示。它们可在各个方向运动，这些运动就是机器人在"做工"。

1）基座是机器人的基础部分，起支承作用。整个执行机构和驱动装置都安装在基座上。对于固定式机器人，基座直接连接在地面基础上；对于移动式机器人，基座安装在移动机构上，可分为有轨和无轨两种。

2）腰部是机器人手臂的支承部分。根据执行机构坐标系的不同，腰部可以在基座上转动，也可以和基座制成一体，有时腰部也可以通过导杆或导槽在基座上移动，从而增大工作空间。

3）手臂是连接机身和手腕的部分，由机器人本体的动力关节和连接杆件等构成。它是执行机构中的主要运动部件，也称为主轴，主要用于改变手腕和末端执行器的空间位置，满足机器人的作业空间，并将各种载荷传递到基座。

4）手腕是连接末端执行器和手臂的部分，将作业载荷传递到手臂，主要用于改变末端执行器的空间姿态，也称为次轴。

（2）驱动与传动装置　工业机器人在运动时，每个关节的运动都是通过驱动装置和传动机构实现的。驱动装置是向机器人各机械臂提供动力和运动的装置，不同的机器人，其驱动采用的动力源不同，驱动系统的传动方式也不同。驱动系统的传动方式主要有液压式、气压式、电力式和机械式4种。电力驱动是现代工业上用得最多的一种，因为电源取用方便、反应灵敏、驱动力大，而且监控方便，控制方式灵活。驱动机器人所用的电动机一般为步进电动机或伺服电动机，目前也有部分机器人使用力矩电动机，但是成本较高，操作也复杂。驱动装置的受控运动必须通过传动单元带动机械臂产生运动，以精确地保证末端执行器所要求的位置、姿态和实现其运动。

（3）传感器　传感器是用来检测作业对象及外界环境的，在工业机器人上安装有各类传感器，如触觉传感器、视觉传感器、接近觉传感器、超声波传感器和听觉传感器等。这些传感器可以帮助机器人完成工作，大大地改善了机器人的工作状况和工作质量，使它们能够高效地完成复杂的任务。

2. 控制器和控制系统

控制器是工业机器人的神经中枢或控制中心，由计算机硬件、软件和一些专用电路、控制器、驱动器等构成，如图1-25所示。控制器主要用来处理工作的全部信息，它根据工程师编写的指令以及传感器得到的信息来控制机器人本体完成一定的动作。

为实现对机器人的控制，不仅仅依靠计算机硬件系统，还必须有相应的软件控制系统。目前，世界上各大机器人公司都有自己完善的

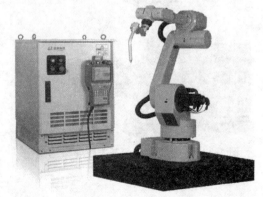

图 1-25　工业机器人和控制器

软件控制系统。有了软件控制系统的支持，可以更方便地建立、编辑机器人控制程序。

3. 示教器

示教器是人机交互的一个接口，也称为示教盒或示教编程器，主要由液晶屏和可触摸操作按键组成，如图 1-26 所示。控制者在操作时只需要手持示教器，通过按键将信号传送到控制柜的存储器中，实现对机器人的控制。示教器是机器人控制系统的重要组成部分。操作者可以通过示教器进行手把手示教，控制机器人达到不同的位姿，并记录各个位姿点坐标；同时，也可以利用机器人语言进行在线编程，实现程序回放，让机器人可以按照编写好的程序完成指定的动作。

示教器上设有用于对机器人进行示教和编程所需的操作按键和按钮。一般情况下，不同厂家设计的示教器外观不同，但是示教器中都包含中央的液晶显示区、功能按键区、急停按钮和出入线端口。

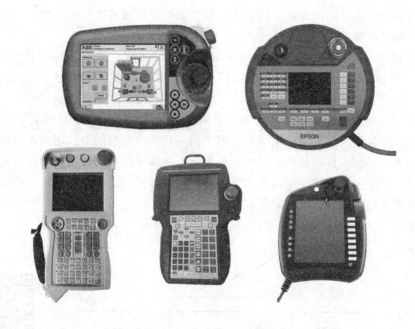

图 1-26　不同厂家的机器人示教器

1.3.2　工业机器人的主要参数

现在已出现的工业机器人，在功能和外观上虽有不同，但所有的机器人都有其适用的作业范围和要求。目前，工业机器人的主要技术参数有以下几种：自由度、定位精度和重复定位精度、分辨率、作业范围、最大工作速度和承载能力等。

扫码观看相关动画

1. 自由度

自由度是指机器人所具有的独立坐标轴运动的数目，不包括末端执行器的开合自由度。一般情况下，机器人的一个自由度对应一个关节，所以自由度与关节的概念是等同的。自由度是表示机器人动作灵活程度的参数，自由度越多，机器人越灵活，但结构也越复杂，控制难度也就越大，所以机器人的自由度要根据其用途设计，一般为 3~6 个，如图 1-27 所示。大于 6 个的自由度称为冗余自由度。冗余自由度增加了机器人的灵活性，可方便机器人避开障碍物和改善机器人的动力性能。人类的手臂（大臂、小臂、手腕）共有 7 个自由度，所以工作起来很灵巧，可回避障碍物，并可从不同的方向到达同一目标位置。

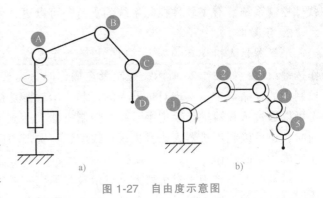

图 1-27　自由度示意图

2. 定位精度和重复定位精度

精度是一个位置量相对于其参照系的绝对度量，是指机器人末端执行器实际到达位置与所需要到达的理想位置之间的差距。机器人的精度取决于机械精度与电气精度，包括定位精度和重复定位精度两种精度指标。

（1）定位精度　定位精度是指机器人末端执行器的实际位置与目标位置之间的偏差，由机械误差、控制算法与系统分辨率等部分组成。典型的工业机器人定位精度一般在 ±(0.02~5) mm 范围内。

（2）重复定位精度　重复定位精度是指对同一指令从同一方向重复响应 n 次后实到位置的一致程度，即机器人重复定位末端执行器于同一目标位置的能力，用来评估机器人在同一环境、同一条件、同一目标动作、同一命令之下，连续运动多次时，其动作的精准度。换一种说法就是，重复定位精度是指机器人重复到达某一目标位置的差异程度，或在相同的位置指令下，机器人连续重复若干次后其位置的分散情况。它可用于衡量一系列误差值的密集程度（即重复度），如图 1-28 所示。

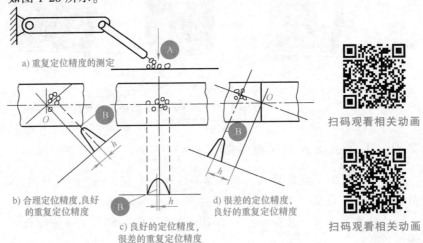

a) 重复定位精度的测定

b) 合理定位精度，良好的重复定位精度

c) 良好的定位精度，很差的重复定位精度

d) 很差的定位精度，良好的重复定位精度

扫码观看相关动画

扫码观看相关动画

图 1-28　工业机器人的定位精度和重复定位精度

3. 分辨率

机器人的分辨率与现实中常用的分辨率概念有些不同，机器人的分辨率是指每一关节所能实现的最小移动距离或最小转动角度。精度和分辨率不一定相关。一台设备的运动精度是

指命令设定的运动位置与该设备执行命令后能够达到运动位置之间的差距，分辨率则反映实际需要的运动位置和命令所能够设定的位置之间的差距。工业机器人的分辨率分为编程分辨率和控制分辨率两种。

编程分辨率是指控制程序中可以设定的最小距离，又称为基准分辨率。例如：当机器人的关节电动机转动 0.1° 时，机器人关节端点移动的直接距离为 0.01mm，其基准分辨率便为 0.01mm。

控制分辨率是系统位置反馈回路所能检测到的最小位移，即与机器人关节电动机同轴安装的编码盘发出单个脉冲时电动机所转过的角度。

定位精度、重复定位精度和分辨率的关系如图 1-29 所示。

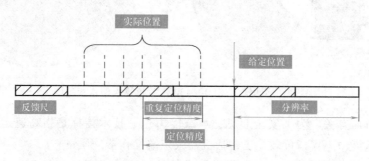

图 1-29　定位精度、重复定位精度和分辨率的关系

工业机器人的定位精度、重复定位精度和分辨率要求是根据其使用要求确定的，机器人本身所能达到的定位精度取决于机器人结构的刚度、运动速度控制、驱动方式、定位和缓冲等因素。

由于机器人有转动关节，不同回转半径时其直线分辨率是变化的，因此造成了机器人的定位精度难以确定。由于定位精度一般较难测定，通常工业机器人只给出重复定位精度。

4. 作业范围

作业范围也称为工作区域，是指机器人手臂末端或手腕中心所能到达的所有点的集合。因为末端执行器的形状和尺寸是多种多样的，为了真实反映机器人的特征参数，所以作业范围是指不安装末端执行器时的工作区域。作业范围的形状和大小是十分重要的，机器人在执行某作业时可能会因为存在末端执行器不能到达的作业死区而不能完成任务。图 1-30 所示为 KUKA KR 500/480 工业机器人的作业范围。

扫码观看相关动画

5. 最大工作速度

最大工作速度在不同的厂家有不同的定义，有的是指工业机器人主要自由度上的最大的稳定速度，有的是指手臂末端最大的合成速度，通常都在技术参数中加以说明。很明显，工作速度越高，工作效率越高。但是，工作速度越高，就要花费更多的时间去升速和降速，或者对工业机器人的最大加速度或最大减速度的要求更高。

扫码观看相关动画

6. 承载能力

承载能力是指机器人在作业范围内的任意位置上所能承受的最大质量。承载能力不仅取决于负载的质量，而且还与机器人运行的速度及加

扫码观看相关动画

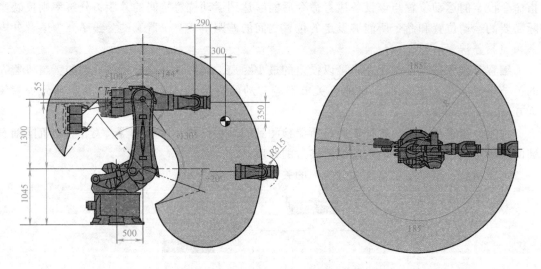

图 1-30　KUKA KR 500/480 工业机器人的作业范围

速度的大小和方向有关。为了安全起见，承载能力这一技术指标是指高速运行时的承载能力。通常，承载能力不仅指负载，还包括机器人末端操作器的质量。

除上述几项技术指标外，还应注意机器人的控制方式、驱动方式、安装方式、存储容量、插补功能、语言转换、自诊断及自保护、安全保障功能等。

1.4　工业机器人的行业发展趋势

本节导入

机器人是集机械、电子、控制、传感、人工智能等多学科先进技术于一体的自动化装备。自 1956 年机器人产业诞生后，经过几十年的发展，机器人已经被广泛应用在装备制造、新材料、生物医药、智慧新能源等高新产业。那么，工业机器人的行业现状如何？未来机器人的发展趋势又如何？

据国际机器人联合会（IFR）统计，亚洲是目前全球工业机器人使用量最大的地区，占世界范围内机器人使用量的 50%，其次是美洲（包括北美、南美）和欧洲。工业机器人的主要产销国集中在日本、韩国和德国，这三国的机器人保有量和年度新增量位居全球前列。

本节思维导图

我国在制造业转型升级市场需求的拉动下，机器人产业发展迅速，在技术攻关和设计水平上有了长足的进步。

随着科学技术的发展，未来工业机器人技术的发展趋势主要表现在以下几个方面：

1. 工业机器人的智能化

工业机器人的智能化是指机器人具有感觉、知觉等，即有很强的检测功能和判断功能。为此，必须开发类似人类感觉器官的传感器，如触觉传感器、视觉传感器、测距传感器等，并发展多传感器信息融合技术，通过多种传感器得到关于工作对象和外部环境的信息，并综合信息库中存储的数据、经验、规划的资料，以完成模式识别，用专家系统等智能系统进行问题的求解和动作的规划。使用智能的工业机器人，既可提高产品的质量，又可大大降低成本。比如，具有视觉系统的喷涂机器人在对车身进行自动喷涂作业中，可以识别汽车车身的尺寸和位置，其良好的眼手协调能力，使机器人可灵活自主地适应对象的变化，大大提高了生产速度和经济效益。

2. 工业机器人的协作控制

工业机器人是与人共同工作的，人与机器人之间的通信系统也需要更加高效和直观。当人们在一起工作时，常常相互展示一些事物是如何工作的，而不是去做什么解释。这一战略已经被人机交互系统所采用。例如，操作员只要引导机器人的手臂沿工作路线运行一下，然后按下按钮，将操作过程储存下来，以后机器人就可以根据需要重复这一过程。这一通信方式是完全直观的，免除了许多复杂的编程过程。这在日益复杂的制造过程中，保持人机之间的和谐交互是非常重要的。开发直观的、新的和多种多样的通信方式是十分重要的。如人类交换信息可以用语言、演示、触摸、手势或面部表情，可以设想为工业机器人装备一种语言识别系统，使其能够听懂语言指令并做出反应。图 1-31 所示为最新的双臂协作机器人。

工业机器人作为高度柔性、高效率和能重组的装配、制造和加工系统中的生产设备，总是作为系统中的一员而存在。若从组成敏捷高效制造生产系统的观点出发，不仅有机器人与人的集成、多机器人的集成，还有机器人与生产线、周边设备以及生产管理系统的集成和协调。因此，研究工业机器人的协作控制还有大量的理论和实践工作要做。

3. 标准化和模块化

工业机器人功能部件的标准化与模块化是提高机器人的运动精度、运动速度，降低成本和提高可靠性的重要途径。模块化是指机械模块化、信息检测模块化、控制模块化等。近年来，世界各国注重发展组合式工业机器人，它是采用标准化的模块件或组合件拼接而成的。目前，国外已经研制和生产了各种不同的标准模块和组件，国内有关模块化工业机器人的开发工作也已有了成效。

4. 工业机器人机构的新型化

随着工业机器人作业精度的提高和作业环境的复杂化，急需开发新型的微动机构来保证机器人的动作精度，如开发多关节、多自由度的手臂和手指及新型的行走机构等，以适应日益复杂的作业需要。图 1-32 所示为新型多关节、多自由度机器人手臂。

图 1-31　双臂协作机器人

图 1-32　新型多关节、多自由度机器人手臂

1.5　本章小结

本章首先介绍了机器人的起源和发展，随后阐述了国际上不同国家和机构对于机器人的几种定义，并且归纳了定义的共同点。机器人的分类方式很多，主要按照机器人的坐标特性、控制方式、拓扑结构、智能程度、驱动方式和应用领域等进行分类。

本章还介绍了工业机器人的基本组成和主要参数。工业机器人由三大部分组成，即机器人本体、控制器与控制系统以及示教器。而工业机器人的技术参数也很多，其中最为常用的有以下几种：自由度、分辨率、定位精度和重复定位精度、作业范围、最大工作速度和承载能力。

本章最后对机器人的现状进行了介绍，并对机器人未来的发展趋势进行了讨论。随着科学技术的不断发展，工业机器人的研究与应用会越来越广泛。

扫码查看本章高清思维导图全图

思考与练习

一、填空题

1. 按坐标特性分类，机器人可分为＿＿＿＿＿＿、＿＿＿＿＿＿、球面坐标型和＿＿＿＿＿＿四种基本类型。

2. 工业机器人一般由三个部分组成，分别是＿＿＿＿＿＿、＿＿＿＿＿＿和＿＿＿＿＿＿。

3. 机器人的主要技术参数一般有＿＿＿＿＿＿、＿＿＿＿＿＿、＿＿＿＿＿＿、重复定位精度、＿＿＿＿＿＿、最大工作速度和承载能力等。

4. 自由度是指机器人所具有的＿＿＿＿＿＿的数目，不包括＿＿＿＿＿＿的开合自由度。

5. 机器人的分辨率分为＿＿＿＿＿＿和＿＿＿＿＿＿，统称为＿＿＿＿＿＿。

6. 重复定位精度是关于＿＿＿＿＿＿的统计数据。

二、选择题

1. 作业范围是指机器人（　　）或手腕中心所能到达的所有点的集合。

　　A. 机械手　　　　B. 手臂末端　　　　C. 手臂　　　　D. 行走部分

2. 机器人的精度主要依存于（　　）、控制算法误差与分辨率系统误差。

　　A. 传动误差　　　B. 关节间隙　　　　C. 机械误差　　　D. 连杆机构的挠性

3. 当代机器人大军中最主要的机器人为（　　）。

　　A. 工业机器人　　B. 军用机器人　　　C. 服务机器人　　D. 特种机器人

4. 下面哪个国家被称为"机器人王国"？（　　）

　　A. 中国　　　　　　B. 英国　　　　　　C. 日本　　　　　D. 美国

5. 机器人的定义中，突出强调的是（　　　）。

　　A. 具有人的形象　　　　　　　　B. 模仿人的功能

　　C. 像人一样思维　　　　　　　　D. 感知能力很强

三、判断题 （对的画"√"，错的画"×"）

1. 机械手亦可称为机器人。　　　　　　　　　　　　　　　　　　　　　　（　　　）

2. 关节型机器人主要由立柱、前臂和后臂组成。　　　　　　　　　　　　　（　　　）

3. 到目前为止，机器人已发展到第四代。　　　　　　　　　　　　　　　　（　　　）

4. 完成某一特定作业时具有多余自由度的机器人称为冗余自由度机器人。　　（　　　）

5. 关节空间是由全部关节参数构成的。　　　　　　　　　　　　　　　　　（　　　）

四、简答题

1. 简述工业机器人的定义及特点。

2. 简述工业机器人的基本组成。

3. 工业机器人按坐标特性可以分为几类？每一类有什么特点？

4. 工业机器人的主要技术参数有哪些？

5. 什么叫冗余自由度机器人？

6. 工业机器人按控制方式怎样分类？

7. 简述机器人的主要应用场合及其特点。

8. 未来机器人技术将向哪些方向发展？

扫码查看答案

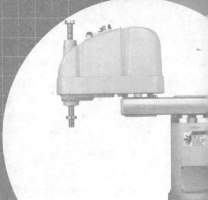

第 **2** 章
工业机器人的机械结构

2.1 末端执行器

本节导入

提及机器人，大家可能更多想到的是那些具有人类形态、拟人化的机器人，但事实上除部分场所中的服务机器人外，大多数机器人都不具有基本的人类形态，更多的是以机械手的形式存在，这点在工业机器人身上体现得非常明显。机器人的手部也称为末端执行器，那么末端执行器有什么作用？怎么进行分类？它的结构组成和工作原理又是怎样的？

2.1.1 末端执行器的定义与特点

工业机器人的末端执行器也叫手部，是直接装在工业机器人的手腕上用于夹持工件或让工具按照规定的程序完成指定工作的部件。

本节思维导图

机器人末端执行器的特点：

1）末端执行器和手腕相连处可拆卸。末端执行器和手腕相连处有机械接口，也可能有电、气、液接头。根据夹持对象的不同，末端执行器的结构会有差异，一个机器人通常有多个末端执行器装置或工具，因此要求末端执行器方便拆卸和更换。

2）末端执行器的形态各异。末端执行器可以具有手指，也可以不具备手指；可以是手爪，也可以是进行专业作业的工具，例如装在机器人手腕上的喷涂枪、焊接工具等。

3）末端执行器的通用性较差。机器人的末端执行器通常是专用的装置。例如，一种手爪往往只能抓握一种或几种在形状、尺寸、重量等方面相近似的工件，一种工具只能执行一种作业任务。

4）末端执行器是一个独立的部件。例如，把手腕归属于手臂，那么工业机器人机械系统的三大部件就是机身、手臂和末端执行器。末端执行器对于整个工业机器人来说是关乎作业完成好坏以及柔性好坏的关键部件之一。

2.1.2 末端执行器的分类

末端执行器是连接在机器人手腕上的用于执行特定工作的装置。由于工业机器人所能完成的工作非常广泛，末端执行器很难做到标准化。因此，在实际应用中，末端执行器一般都根据其实际要完成的工作进行定制，常用的有：夹钳式末端执行器、吸附式末端执行器、专用末端执行器、工具快换装置、多工位换接装置、仿生多指灵巧手。

2.1.3　夹钳式末端执行器

夹钳式末端执行器通常也称为夹钳式取料手，是工业机器人最常用的一种末端执行器形式，在装配流水线上用得较为广泛。它一般由手指（手爪）、驱动装置、传动机构、连接与支承元件组成，工作原理类似于常用的手钳，如图 2-1 所示。夹钳式末端执行器能用手指的开闭动作实现对物体的夹持。

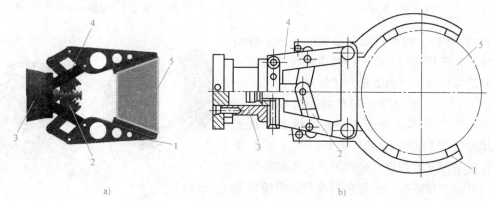

a)　　　　　　　　　　　b)

图 2-1　夹钳式末端执行器的组成

1—手指　2—传动机构　3—驱动装置　4—支架　5—工件

1. 手指

手指是直接与工件接触的构件，通过手指的张开和闭合来实现工件的松开和夹紧。指端是手指上直接与工件接触的部位，其形状分为 V 形指、平面指、尖指和特形指。

（1）指端形状

1）V 形指。图 2-2a 所示手指适用于夹持圆柱形工件，特点是夹紧平稳可靠、夹持误差小。图 2-2b 所示手指可快速夹持旋转中的圆柱形工件。图 2-2c 所示手指有自定位能力，与工件接触好，但浮动件是机构中不稳定因素，在夹紧时和运动中受到的外力必须有固定支承来承受，应设计成可锁的浮动件。

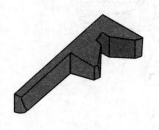
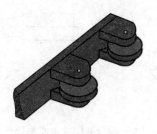

a) 固定V形　　　　　　　b) 滚珠V形　　　　　　　c) 自定位式V形

图 2-2　V 形指

2）平面指。平面指如图 2-3 所示，一般用于夹持方形工件（具有两个平行面）、方形板或细小棒料。

3）尖指和长指。尖指和长指如图 2-4 所示，一般用于夹持小型或柔性工件。尖指用于夹持位于狭窄工作场地的细小工件，以避免和周围障碍物相碰。长指用于夹持炽热的工件，以避免热辐射对末端执行器传动机构的影响。

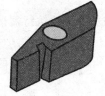

图 2-3　平面指

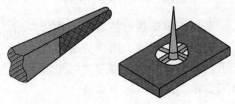

图 2-4　尖指和长指

　　4）特形指。特形指如图 2-5 所示，一般用于夹持形状不规则的工件。一般应设计出与工件形状相适应的专用特形手指，才能夹持工件。

　　（2）指面形式　指面的形状一般有光滑指面、齿形指面和柔性指面等。光滑指面平整光滑，用来夹持已加工表面，避免已加工表面受损。齿形指面刻有齿纹，可增加夹持工件的摩擦力，以确保夹紧牢靠，多用来夹持表面粗糙的毛

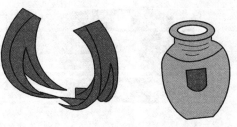

图 2-5　特形指

坯或半成品。柔性指面内镶橡胶、泡沫塑料、石棉等物，有增加摩擦力、保护工件表面、隔热等作用，一般用于夹持已加工表面、炽热件，也适用于夹持薄壁件和脆性工件。

　　（3）手指的材料　手指的材料选用恰当与否，对机器人的使用效果有很大的影响。对于夹钳式末端执行器，其手指材料一般选用碳素钢和合金结构钢。

　　夹持式末端执行器通常由两个或更多的手指组成，通过机器人控制器控制手指的开合来抓取工件或物体。根据夹持方式，末端执行器可分为内撑式和外夹式两种，如图 2-6 所示。根据手指的运动方向，末端执行器分为移动式和回转式两种，如图 2-7 所示。根据手指的多少，末端执行器分为二手指和多手指两种，如图 2-8 所示。

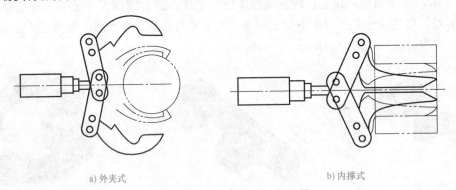

a) 外夹式　　　　　　　　　　　　　　b) 内撑式

图 2-6　手指夹持式末端执行器

2. 驱动装置

　　驱动装置是向传动机构提供动力的装置，通常采用气动、液动、电动和电磁来驱动。气动驱动方式目前得到广泛的应用，主要因为气动驱动方式具有结构简单、成本低、容易维修、开合迅速、重量轻等优点，其缺点在于空气介质存在可压缩性，使手指的位置控制比较

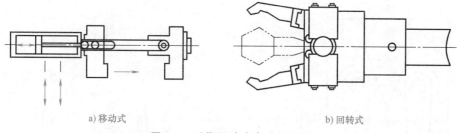

a) 移动式　　　　　　　　　　　　b) 回转式

图 2-7　手指运动式末端执行器

a) 二指夹持式　　　　　　　　　　b) 三指夹持式

图 2-8　多手指夹持式末端执行器

复杂。液压驱动方式成本要高些。电动驱动方式的优点在于手指开合电动机的控制与机器人控制共用一个系统，但是夹紧力比气动、液动小，相比而言开合时间稍长。图 2-9 所示为气压驱动的夹钳式末端执行器，气缸 4 中的压缩空气推动活塞 5，使齿条 1 做往复运动，经扇形齿轮 2 带动平行四边形机构，使手指 3 平行地快速张合。

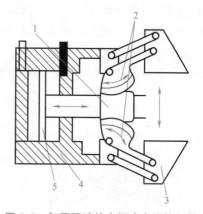

图 2-9　气压驱动的夹钳式末端执行器

1—齿条　2—扇形齿轮　3—手指　4—气缸　5—活塞

3. 传动机构

驱动源的驱动力通过传动机构驱动手指开合并产生夹紧力。按手指夹持工件时运动方式的不同，传动机构可分为回转型和平移型。夹持式末端执行器还常以传动机构来命名。

（1）回转型传动机构　夹钳式末端执行器中用得最多的是回转型传动机构，其手指就是一对杠杆，一般再与斜楔、滑槽、连杆、齿轮、蜗轮蜗杆或螺杆等机构组成复合式杠杆传动机构，用以改变传动比和运动方向等。

图 2-10 为斜楔式回转型末端执行器的结构简图。斜楔 2 向下运动，克服弹簧 5 的拉力，使杠杆手指装有滚子 3 的一端向外撑开，从而夹紧工件 8。反之，斜楔向上运动，则在弹簧 5 拉力的作用下，使手指 7 松开。手指 7 与斜楔 2 通过滚子 3 接触，可以减少摩擦力，提高机械效率。有时为了简化，也可让手指与斜楔直接接触，如图 2-11 所示。

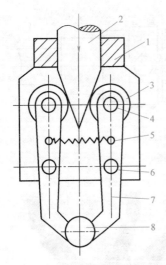

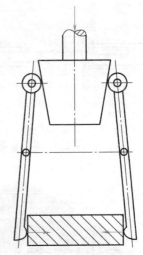

图 2-10 斜楔式回转型末端执行器的结构简图

1—壳体 2—斜楔 3—滚子 4—圆柱销

5—弹簧 6—铰销 7—手指 8—工件

图 2-11 简化型斜楔式回转型末端执行器的结构简图

　　图 2-12 为滑槽式回转型末端执行器的结构简图。杠杆形手指 4 的一端装有 V 形指 5，另一端则开有长滑槽。驱动杆 1 上的圆柱销 2 套在滑槽内，当驱动杆同圆柱销一起做往复运动时，即可拨动两个手指各绕其支点（铰销 3）做相对回转运动，从而实现手指对工件 6 的夹紧与松开动作。滑槽杠杆式传动结构的定心精度与滑槽的制造精度有关。

　　图 2-13 为双支点连杆式回转型末端执行器的结构简图。驱动杆 2 末端与连杆 4 由铰销 3 铰接，当驱动杆 2 做直线往复运动时，则通过连杆推动两杆手指各绕支点做回转运动，从而使手指松开或闭合。该机构的活动环节比较多，故定心精度比斜楔传动差。

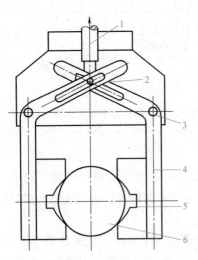

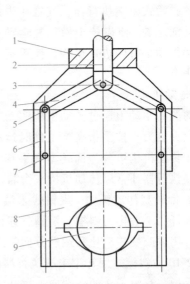

图 2-12 滑槽式回转型末端执行器的结构简图

1—驱动杆 2—圆柱销 3—铰销

4—手指 5—V 形指 6—工件

图 2-13 双支点连杆式回转型末端执行器的结构简图

1—壳体 2—驱动杆 3—铰销 4—连杆 5、7—圆柱销

6—手指 8—V 形指 9—工件

图 2-14 为齿轮齿条直接传动的齿轮杠杆式末端执行器的结构简图。驱动杆 2 末端制成双面齿条，与扇形齿轮 4 相啮合，而扇形齿轮 4 与手指 5 固连在一起，可绕支点回转。驱动力推动齿条做直线往复运动，即可带动扇形齿轮回转，从而使手指闭合或松开。

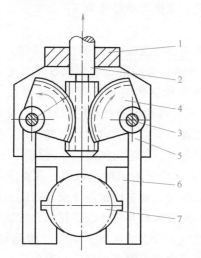

a) 齿条直接驱动扇形齿轮结构　　　　b) 带有换向齿轮的驱动结构

图 2-14　齿轮齿条直接传动的齿轮杠杆式末端执行器的结构简图

1—壳体　2—驱动杆　3—中间齿轮　4—扇形齿轮　5—手指　6—V 形指　7—工件

（2）平移型传动机构　平移型夹钳式末端执行器是通过手指的指面做直线往复运动或平面移动来实现张开或闭合动作的，常用于夹持具有平行平面的工件，其结构较复杂，不如回转型末端执行器应用广泛。

1）直线往复移动机构是通过手指指面做直线往复运动来实现张开或闭合动作的，常用于夹持具有平行平面的工件（如箱体），如图 2-15 所示。

2）平面平行移动机构是通过手指指面做平面移动来实现张开或闭合动作的，常用于夹持具有平行平面的工件（如冰箱等），如图 2-16 所示。

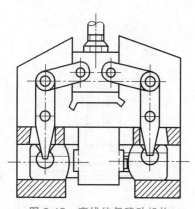

图 2-15　直线往复移动机构

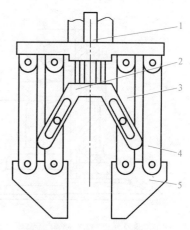

图 2-16　平面平行移动机构

1—驱动器　2—驱动元件　3—主动摇杆

4—从动摇杆　5—手指

2.1.4 吸附式末端执行器

吸附式末端执行器靠吸附力取料，适用于大平面、易碎（玻璃、瓷盘）、微小的物体，因此使用面较广。根据吸附力的不同，吸附式末端执行器可分为气吸附和磁吸附两种。

1. 气吸附式末端执行器

气吸附式末端执行器利用轻性塑胶或塑料制成的皮碗通过抽空与物体接触平面密封型腔的空气而产生的负压真空吸力来抓取和搬运物体，与夹钳式末端执行器相比，具有结构简单、重量轻、吸附力分布均匀等优点，对于薄片状物体的搬运更具有优越性（如板材、纸张、玻璃等物体）。它广泛应用于非金属材料或不可剩磁的材料的吸附，但要求物体表面较平整光滑、无孔、无凹槽。气吸附式末端执行器由吸盘、吸盘架和气路组成。按形成压力差的方法分类，气吸附式末端执行器可分为真空吸附、气流负压吸附、挤压排气负压吸附等。

（1）真空吸附末端执行器 图 2-17 所示为真空吸附末端执行器，其真空是利用真空泵产生的，真空度较高。其主要零件为蝶形橡胶吸盘，通过固定环 2 安装在支承杆 4 上。支承杆 4 由螺母 6 固定在基板 5 上。取料时，蝶形橡胶吸盘与物体表面接触，橡胶吸盘的边缘既起到密封作用，又起到缓冲作用，然后真空抽气，吸盘内腔形成真空，吸取物料。放料时，管路接通大气，失去真空，物体放下。为避免在取放料时产生撞击，有的还在支承杆上配有弹簧，起到缓冲作用；为了更好地适应物体吸附面的倾斜状况，有的在橡胶吸盘背面设计有球铰链。真空吸附末端执行器工作可靠、吸附力大，但需配备真空泵及其控制系统，费用较高。

（2）气流负压吸附末端执行器 气流负压吸附末端执行器如图 2-18 所示。气流负压吸附末端执行器是利用流体力学的原理，当需要取物时，压缩空气高速流经喷嘴 5 时，其出口处的气压低于吸盘腔内的气压，于是腔内的气体被高速气流带走而形成负压，完成取物动作；当需要释放时，切断压缩空气即可。气流负压吸附末端执行器需要的压缩空气在一般工厂内容易取得，使用方便，成本较低。

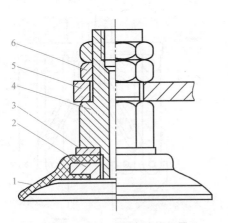

图 2-17 真空吸附末端执行器

1—橡胶吸盘 2—固定环 3—垫片
4—支承杆 5—基板 6—螺母

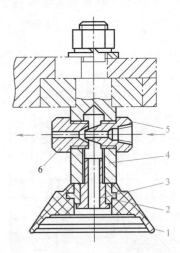

图 2-18 气流负压吸附末端执行器

1—橡胶吸盘 2—心套 3—通气螺钉
4—支承杆 5—喷嘴 6—喷嘴套

（3）挤压排气负压吸附末端执行器　挤压排气负压吸附末端执行器如图 2-19 所示。取料时末端执行器先向下，吸盘压向工件 5，橡胶吸盘 4 形变，将吸盘内的空气挤出；之后，手部向上提升，压力去除，橡胶吸盘恢复弹性形变使吸盘内腔形成负压，将工件牢牢吸住，即可进行工件搬运。到达目标位置后要释放工件时，用碰撞力 P 或电磁力使压盖 2 动作，使吸盘腔与大气连通而失去负压，破坏吸盘腔内的负压，释放工件。挤压排气负压吸附末端执行器结构简单，经济方便，但吸附力小，吸附状态不易长期保持，可靠性比真空吸附和气流负压吸附差。

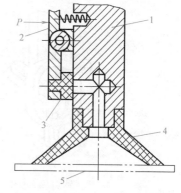

图 2-19　挤压排气负压吸附末端执行器
1—吸盘架　2—压盖　3—密封垫
4—橡胶吸盘　5—工件

2. 磁吸附式末端执行器

磁吸附式末端执行器是利用永久磁铁或电磁铁通电后产生的磁力来吸附工件的，其应用比较广泛。磁吸附式末端执行器与气吸附式末端执行器相同，不会破坏被吸件表面质量。磁吸附式末端执行器的优点：有较大的单位面积吸力，对工件表面粗糙度及通孔、沟槽等无特殊要求。磁吸附式末端执行器的缺点：被吸工件存在剩磁，吸附头上常吸附磁性屑（如铁屑），影响正常工作。因此，对那些不允许有剩磁的零件要禁止使用磁吸附式末端执行器。因钢铁等材料的制品在温度超过一定值时就会失去磁性，故在高温下无法使用磁吸附式末端执行器。

磁吸附式末端执行器按磁力来源不同可分为永久性磁铁末端执行器和电磁铁末端执行器，电磁铁由于供电不同又可分为交流电磁铁和直流电磁铁两种。交流电磁铁吸力有波动，有噪声和涡流损耗；直流电磁铁吸力稳定，无噪声和涡流损耗。电磁式吸盘的结构如图 2-20 所示。在线圈通电瞬间，由于空气间隙的存在，磁阻很大，线圈的电感和启动电流很大，这时产生磁性吸力将工件吸住，一旦断电，磁吸力消失，工件就松开。若采用永久性磁铁作为吸盘，则必须强迫性取下工件。图 2-21 为几种电磁式吸盘的吸料示意图。

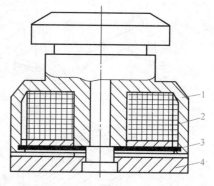

图 2-20　电磁式吸盘的结构
1—电磁铁　2—线圈　3—防尘盖　4—外壳体

2.1.5　专用末端执行器

机器人是一种通用性很强的自动化设备，可根据作业要求完成各种动作，再配上各种专用的末端执行器后，就能完成各种不同的工作，例如在通用机器人上安装焊枪就成为一台焊接机器人，安装拧螺母机则成为一台装配机器人。目前有许多专用电动、气动工具改型而成的末端执行器，如图 2-22 所示。末端执行器有拧螺母机、焊枪、电磨头、电铣头、抛光头、激光切割机等，这些专用末端执行器形成一整套系列供用户选用，使机器人能够胜任各种工作。

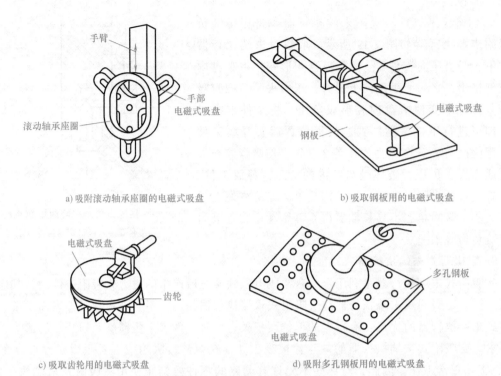

a) 吸附滚动轴承座圈的电磁式吸盘　　　　　　　　b) 吸取钢板用的电磁式吸盘

c) 吸取齿轮用的电磁式吸盘　　　　　　　　d) 吸附多孔钢板用的电磁式吸盘

图 2-21　电磁式吸盘的吸料示意图

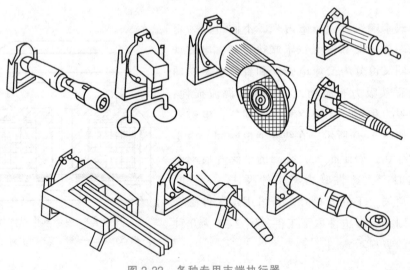

图 2-22　各种专用末端执行器

2.1.6　工具快换装置

　　机器人工具快换装置是一种用于机器人快速更换末端执行器的装置，可以在数秒内快速更换不同的末端执行器，使机器人更具有柔性、更高效，被广泛应用于自动化行业的各个领域。如图 2-23 所示，一个工具快换装置由两部分组成，分别称为主侧和工具侧，两侧可以自动锁紧连接，同时可以连通和传递例如电信号、气体、液体、超声波等介质。大多数工具快换装置使用气体锁紧主侧和工具侧。工具快换装置的主侧安装在一台机器人、数控设备（CNC）或者其他结构上，工具侧安装在工具上，例如抓具、焊枪或飞边清理工具等。机器人工具快换装置也被称为自动工具快换装置（ATC）、机器人工具快换、机器人连接器、机器人连接头等。

图 2-23　机器人工具快换装置

机器人工具快换装置的优点在于：

1）末端执行器更换可以在数秒内完成。

2）维护和修理工具可以快速更换，大大降低停工时间。

3）通过在应用中使用 1 个以上的末端执行器，从而使柔性增强。

4）功能单一的执行器比笨重复杂的执行器更换方便。

机器人工具快换装置使单个机器人能够在制造和装备过程中交换使用不同的末端执行器，增加其柔性，被广泛应用于点焊、弧焊、材料抓举、冲压、检测、卷边、装配、材料去除、飞边清理、包装等操作。另外，工具快换装置在一些重要的应用中能够为工具提供备份工具，有效避免意外事件。相对于人工需数小时更换工具，工具快换装置自动更换备用工具能够在数秒钟内就完成。同时，该装置还被广泛应用在一些非机器人领域，包括托台系统、柔性夹具、人工点焊和人工材料抓举等。

2.1.7　多工位换接装置

某些机器人的作业任务相对较为集中，需要换接一定量的末端执行器，又不必配备数量较多的末端操作器库，这时，可以在机器人末端执行器上设置一个多工位转换装置。例如在机器人柔性装配线某个工位上，机器人要依次装配如垫圈、螺钉等几种零件，装配采用多工位换接装置，可以从几个供料处依次抓取几种零件，然后逐个进行装配，既可以节省几台专用机器人，也可以避免通用机器人频繁换接操作器和节省装配作业时间。

多工位换接装置如图 2-24 所示，就像数控加工中心的刀库一样，可以有棱锥型和棱柱型两种形式。棱锥型多工位换接装置可保证手爪轴线和手腕轴线一致，受力较合理，但其传动机构较为复杂；棱柱型多工位换接装置的传动机构较为简单，但其手爪轴线和手腕轴线不能保持一致，受力不良。

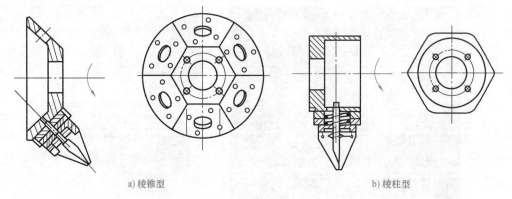

a) 棱锥型　　　　　　　　　　　　　　　　b) 棱柱型

图 2-24　多工位换接装置

2.1.8　仿人机器人末端执行器

目前，大部分工业机器人的末端执行器只有两个手指，而且手指上一般没有关节，取料时不能适应物体外形的变化，不能使物体表面承受比较均匀的夹持力，因此无法对复杂形状、不同物质的物体实施夹持和操作。

为了提高机器人末端执行器和腕部的操作能力、灵活性和快速反应能力，使机器人能像人一样进行各种复杂的作业，如装配作业、维修作业、设备操作等，就必须有一个运动灵活、动作多样的灵巧手，即仿人机器人末端执行器。仿人机器人末端执行器有两种，一种叫柔性手，另一种叫仿生多指灵巧手。

1. 柔性手

柔性手可对不同外形的物体实施抓取，并使物体表面受力均匀。图 2-25 所示为多关节柔性手，每个手指由多个关节串接而成，手指传动部分由牵引钢丝绳及摩擦滚轮组成，每个

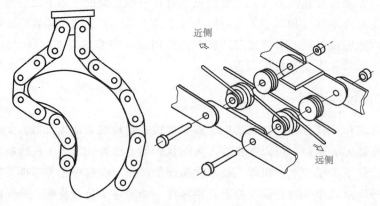

近侧

远侧

图 2-25　多关节柔性手

手指由两根钢丝绳牵引，一侧为紧握状态，另一侧为放松状态，这样的结构可抓取凹凸外形的物体，且使物体受力均匀。

2. 仿生多指灵巧手

机器人末端执行器和腕部最完美的形式就是模仿人的多指灵活手，如图 2-26 所示。仿生多指灵巧手有多个手指，每个手指有 3 个回转关节，每一个关节的自由度都是独立控制的，因此它几乎能模仿人手指完成各种复杂的动作，如拧螺钉、弹钢琴、作礼仪手势等。在手部配置触觉、力觉、视觉、温度传感器，将会使仿生多指灵巧手达到完美的程度。仿生多指灵巧手的应用十分广泛，可在各种极限环境下完成人类无法实现的操作，如核工业领域、宇宙空间作业，在高温、高压、高真空环境下作业等。

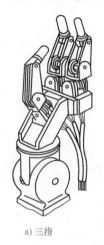
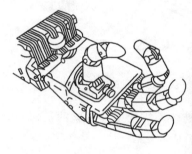

a) 三指　　　　　　　　　　b) 四指　　　　　　　　　　c) 四指灵巧手弹钢琴

图 2-26　仿生多指灵巧手

2.2　工业机器人的手腕

本节导入

说到手腕，我们首先会想到人的手腕，在讲述机器人手腕结构之前，大家先来想想人的手腕所处的位置及作用，再推想一下机器人的手腕所处的位置及作用。那么，工业机器人的手腕由哪些部分组成，在工作中各起什么作用？工业机器人手腕的工作原理是什么？

2.2.1　工业机器人手腕的定义

工业机器人的手腕是连接手臂和末端执行器的部件，用以调整末端执行器的方位和姿态。因此，它具有独立的自由度，以便机器人的末端执行器实现复杂的姿态，通常由 2 个或 3 个自由度组成。例如，设想用机器人的末端执行器夹持一个螺钉对准螺孔拧入，首先必须使螺钉前端到达螺孔入口，然后必须使螺钉的轴线对准螺孔的轴线，使轴线重合后拧入。这就需要调整螺钉的方位角，前者即末端执行器的位置，后者即末端执行器的姿态。

本节思维导图

图 2-27 给出了一个三自由度机器人手腕的典型配置，组成这 3 个自由度的 3 个关节分别被定义如下：

（1）扭转（Roll） 沿 *X* 轴方向的旋转称为扭转，应用一个 T 形关节完成相对于机器人手臂轴的旋转运动。

（2）俯仰（Pitch） 沿 *Y* 轴的旋转称为俯仰，应用一个 R 形关节完成上下旋转摆动。

（3）偏转（Yaw） 沿 *Z* 轴方向的旋转称为偏转，应用一个 R 形关节完成左右旋转摆动。

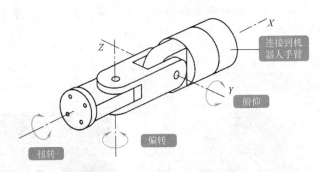

图 2-27 典型的工业机器人手腕

值得注意的是，SCARA 机器人是唯一不需要安装手腕的机器人，而其他机器人的手腕几乎总是由 R 形关节和 T 形关节配置组成的。

为了完整表示工业机器人的手臂及手腕结构，有时采用"手臂关节：手腕关节"的符号化形式来对其进行表示，如"TLR：TR"就表示了一个具有 5 自由度的机器人手臂手腕的结构，其中 TLR 代表手臂是由一个扭转关节（T）、一个线性关节（L）和一个转动关节（R）组成的，TR 代表手腕是由一个扭转关节（T）和一个转动关节（R）组成的。

2.2.2 手腕的运动形式

为了使末端执行器能处于空间任意方向，要求手腕能实现对空间 3 个坐标轴 *X*、*Y*、*Z* 的转动，即具有偏转、俯仰和翻转 3 个自由度。这 3 个回转方向又分别称为扭转、腕摆、手转，如图 2-28 所示。

手腕安装在手臂的小臂上，因此手腕结构的设计应传动灵活、结构紧凑轻巧，避免干涉，具有合理的自由度。

1. 臂转

臂转是指手腕绕小臂轴线的转动，又称为腕部旋转。通常把臂转叫作 Roll，用 R 表示。有些机器人限制其手腕转动角，使其小于 360°。另一些机器人则仅仅受到控制电缆缠绕圈数的限制，手腕可以转数圈。按手腕转动特点的不同，用于手腕关节的转动又可细分为滚转和弯转两种。

滚转是指组成关节的两个零件自身的几何回转中心和相对运动的回转轴线重合，因而能实现 360° 无障碍旋转的关节运动，通常用 R 来标记，如图 2-29a 所示。

弯转是指两个零件的几何回转中心和其相对运动的回转轴线垂直的关节运动。由于受到结构的限制，其相对转动角度一般小于 360°，通常用 B 来标记，如图 2-29b 所示。

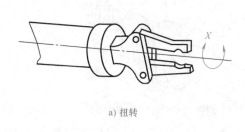
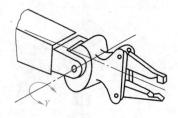

a) 扭转　　　　　　　　　　　　　　　　　　b) 手腕的俯仰(腕摆)

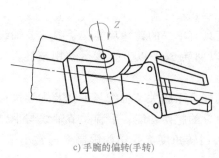
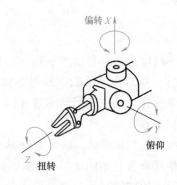

c) 手腕的偏转(手转)　　　　　　　　　　　　d) 手腕坐标系

图 2-28　手腕的自由度

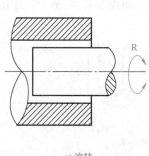

a) 滚转　　　　　　　　　　　　　　　　　　b) 弯转

图 2-29　手腕关节的臂转

2. 腕摆

腕摆是指手腕的上下摆动，这种运动称为俯仰，又称为腕部弯曲。通常把腕摆叫作 Pitch，用 P 表示，如图 2-28b 所示。

3. 手转

手转是指机器人手腕的水平摆动。通常把手转叫作 Yaw，用 Y 表示，如图 2-28c 所示。

手腕结构多为上述三个回转方式的组合，组合的方式可以有多种形式，常用的组合方式有臂转-腕摆-手转结构、臂转-双腕摆-手转结构等，如图 2-30 所示。

2.2.3　手腕的分类

1. 按自由度数目来分类

手腕根据实际使用的工作要求和机器人的工作性能来确定自由度。按自由度数目来分

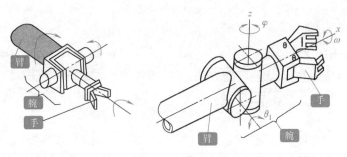

a) 臂转-腕摆-手转结构　　　　b) 臂转-双腕摆-手转结构

图 2-30　手腕结构的组合方式

类，手腕可分为单自由度手腕、二自由度手腕和三自由度手腕。

（1）单自由度手腕　如图 2-31a 所示，R 手腕具有单一的臂转功能，手腕关节轴线与手臂的纵轴线共线，其回转角度不受结构限制，可以回转 360°以上。该运动用滚转关节（R 关节）实现。

如图 2-31b 所示，该 B 手腕具有单一的手转功能，手腕关节轴线与手臂及末端执行器的轴线相互垂直；如图 2-31c 所示，该 B 手腕具有单一的腕摆功能，手腕关节轴线与手臂及末端执行器的轴线在另一个方向上相互垂直。两者的回转角度都受结构限制，通常小于 360°。两者的运动用弯转关节（B 关节）实现。

如图 2-31d 所示，T 手腕具有单一的平移功能，手腕关节轴线与手臂及末端执行器的轴线在一个方向上成一平面，不能转动只能平移。该运动用平移关节（T 关节）实现。

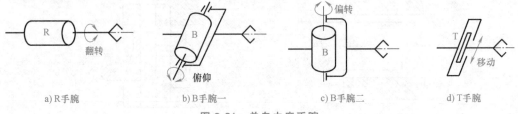

a) R手腕　　　　b) B手腕一　　　　c) B手腕二　　　　d) T手腕

图 2-31　单自由度手腕

（2）二自由度手腕　可以由一个滚转关节和一个弯转关节联合构成 BR 关节，实现二自由度手腕，如图 2-32a 所示；或由两个弯转关节组成 BB 关节，实现二自由度手腕，如图 2-32b 所示；但不能由两个滚转关节 RR 构成二自由度手腕，因为两个滚转关节的功能是重复的，实际上只能起到单自由度的作用，如图 2-32c 所示。

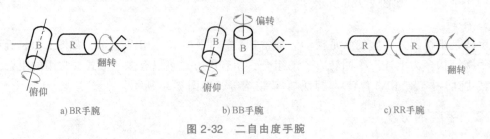

a) BR手腕　　　　b) BB手腕　　　　c) RR手腕

图 2-32　二自由度手腕

（3）三自由度手腕　三自由度手腕可以由 B 关节和 R 关节组成多种形式，实现臂转、手转和腕摆功能。事实证明，三自由度手腕能使末端执行器完成空间任何姿态。图 2-33a 所示为 BBR 手腕，使末端执行器具有俯仰、偏转和翻转运动功能；图 2-33b 所示为 BRR 手腕，为了不使自由度退化，第一个 R 关节必须偏置；图 2-33c 所示为 RRR 手腕，三个 R 关节不能共轴线；图 2-33d 所示为 BBB 手腕，它已经退化为二自由度手腕，在实际中是不被采用的。此外，B 关节和 R 关节排列的次序不同，也会产生不同的效果，因而也产生了其他形式的三自由度手腕。

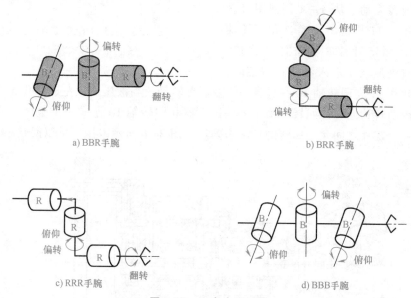

a) BBR手腕　　　　　　　　b) BRR手腕

c) RRR手腕　　　　　　　　d) BBB手腕

图 2-33　三自由度手腕

　　手腕实际所需要的自由度数目应根据机器人的工作性能要求来确定。在有些情况下，手腕具有两个自由度，即翻转和俯仰或翻转和偏转，一些专用机械手甚至没有手腕，但有些手腕为了满足特殊要求还有横向移动自由度。图 2-34 为三自由度手腕的结合方式示意图。

　　PUMA 262 机器人的手腕采用的是 RRR 结构形式，安川 HP20 工业机器人的手腕采用的

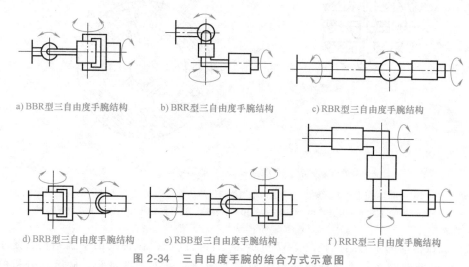

a) BBR型三自由度手腕结构　　　b) BRR型三自由度手腕结构　　　c) RBR型三自由度手腕结构

d) BRB型三自由度手腕结构　　　e) RBB型三自由度手腕结构　　　f) RRR型三自由度手腕结构

图 2-34　三自由度手腕的结合方式示意图

是 RBR 结构形式, 如图 2-35 所示。

2. 按驱动方式来分类

(1) 液压(气)缸驱动的手腕结构

直接用回转液压(气)缸驱动实现手腕的回转运动, 具有结构紧凑、灵活等优点。图 2-36 所示的手腕结构, 采用回转液压缸实现手腕的旋转运动。从 *A—A* 剖视图可以看出, 回转叶片 11 用螺钉、销钉和回转轴 10 连在一起。固定叶片 8 和缸体 9 连接。当液压油从右进油孔 7 进入液压缸右腔时,

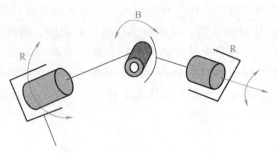

图 2-35　安川 HP20 工业机器人的手腕结构形式 (RBR)

便推动回转叶片 11 和回转轴 10 一起绕轴线顺时针转动; 当液压油从左进油孔 5 进入液压缸左腔时, 便推动转轴逆时针回转。由于末端执行器和回转轴 10 连成一个整体, 故回转角度极限值由动片、定片之间允许回转的角度来确定, 图 2-36 所示液压缸可以回转+90°和-90°。

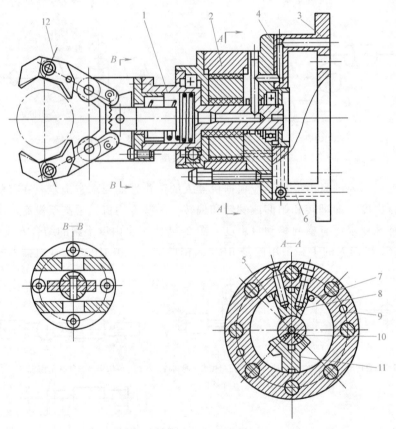

图 2-36　回转液压缸的旋转手腕

1—手动驱动位　2—回转液压缸　3—腕架　4—通向末端执行器的油管　5—左进油孔　6—通向回转液压缸的油管
7—右进油孔　8—固定叶片　9—缸体　10—回转轴　11—回转叶片　12—末端执行器

(2) 机械传动的手腕结构　图 2-37 所示为三自由度的机械传动的手腕结构, 是个具有三根输入轴的差动轮系。手腕旋转使得附加的手腕结构紧凑、重量轻。从运动分析的角度

看，这是一种比较理想的三自由
度手腕，这种手腕可使末端执行
器运动灵活、适应性广。目前，
它已成功地用于点焊、喷涂等通
用机器人上。

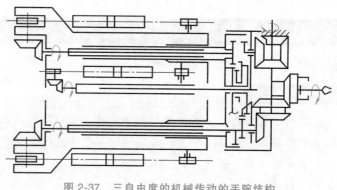

图 2-37　三自由度的机械传动的手腕结构

2.2.4　柔顺手腕

确定末端执行器的作业方向
一般需要三个自由度，这三个回
转方向如下：

1）臂转：绕小臂轴线方向的旋转。

2）手转：使末端执行器绕自身的轴线方向旋转。

3）腕摆：使末端执行器相对于臂进行摆动。

手腕结构的设计要满足传动灵活、结构紧凑轻巧、避免干涉的要求。多数机器人手腕结构的驱动部分安装在小臂上。首先设法使几个电动机的运动传递到同轴旋转的心轴和多层套筒上去，运动传入手腕后再分别实现各个动作。在用机器人进行精密装配作业中，当被装配零件不一致，工件的定位夹具、机器人定位精度不能满足装配要求时，装配将非常困难，这就提出了柔顺性概念。

柔顺装配技术有两种：一种是从检测、控制的角度，采取各种不同的搜索方法，实现边校正边装配；另一种是从机械结构的角度在手腕处配置一个柔顺环节，以满足柔顺装配的要求。

图 2-38 所示是具有水平移动和摆动功能的浮动机构的柔顺手腕。水平移动浮动机构由平面、钢球和弹簧构成，实现在两个方向上的浮动；摆动浮动机构由上、下球面和弹簧构成，实现两个方向的摆动。在装配作业中，如遇夹具定位不准或机器人手爪定位不准，可自行校正。其动作过程如图 2-39 所示，在插入装配中，工件在局部被卡住时会受到阻力，促使柔顺手腕起作用，使手爪有一个微小的修正量。

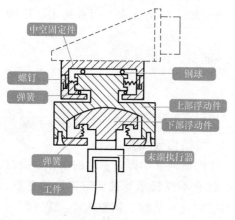

图 2-38　移动摆动柔顺手腕

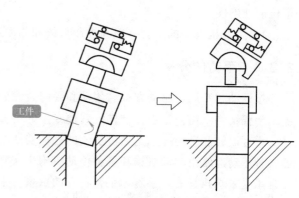

图 2-39　柔顺手腕的动作过程

2.3 工业机器人的手臂

本节导入

说到手臂，我们首先会想到人的手臂，在讲述机器人手臂结构之前，大家先来想想人的手臂所处的位置以及作用，再推想一下机器人的手臂所处的位置及作用。那么，工业机器人的手臂由哪些部分组成，在工作中各起什么作用？工业机器人手臂的工作原理是什么？下面就来学习工业机器人的手臂。

2.3.1 工业机器人手臂的定义

机器人手臂是连接机身和手腕的部件，它的主要作用是确定末端执行器的空间位置，满足机器人的作业空间要求，并将各种载荷传递到机座。

本节思维导图

机器人的手臂（简称臂部）是机器人的主要执行部件，它的作用是支承手腕和末端执行器，并带动它们在空间运动。机器人的手臂由大臂、小臂（或多臂）组成。手臂的驱动方式主要有液压驱动、气动驱动和电动驱动几种形式，其中电动驱动形式最为通用。机器人手臂一般有3个自由度，即手臂的伸缩、左右回转和升降（或俯仰）。机器人的手臂主要包括臂杆以及与其伸缩、屈伸或自转等运动有关的构件，如传动机构、驱动装置、导向定位装置、支承连接和位置检测元件等，此外还有与手腕或手臂的运动和连接、支承等有关的构件、配管、配线等。

2.3.2 手臂的特点

工业机器人手臂具有以下特点：

1）工业机器人的手臂一般有2~3个自由度，即伸缩、回转、俯仰或升降。专用机器人的手臂一般有1~2个自由度，即伸缩、回转或直行。

2）手臂的重量较大，受力一般比较复杂，在运动时，直接承受手腕、末端执行器和工件（或工具）的动、静载荷，特别是高速运动时，将产生较大的惯性力，引起冲击，影响定位的准确性。

3）工业机器人的手臂一般与控制系统和驱动系统一起安装在机身上。

2.3.3 手臂的分类

按运动和布局、驱动方式、传动和导向装置分类，手臂可分为伸缩型手臂结构、转动伸缩型手臂结构、屈伸型手臂结构、其他专用的机械传动手臂结构等几类。

手臂回转和升降运动是通过机座的立柱实现的，立柱的横向移动即为手臂的横移。手臂的各种运动通常由驱动机构和各种传动机构来实现，因此它不仅仅承受被抓取工件的重量，而且承受末端执行器、手腕和手臂自身的重量。手臂的结构、灵活性、抓重大小（即臂力）和定位精度都直接影响机器人的工作性能。

按手臂的结构形式分类，手臂可分为单臂式手臂结构、双臂式手臂结构和悬挂式手臂结构三类。图 2-40 所示为手臂的三种结构形式，图 2-40a 所示为单臂式手臂结构，图 2-40b 所示为双臂式手臂结构，图 2-40c 所示为悬挂式手臂结构。

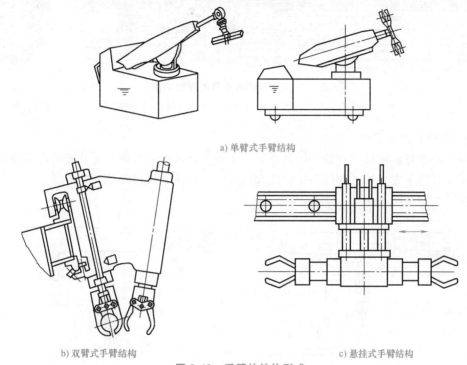

a) 单臂式手臂结构

b) 双臂式手臂结构　　　　　　　　　　　　　　c) 悬挂式手臂结构

图 2-40　手臂的结构形式

按手臂的运动形式分类，手臂可分为直线运动型手臂结构、回转运动型手臂结构和复合运动型手臂结构三类。

直线运动是指手臂的伸缩、升降及横向（或纵向）移动。

回转运动是指手臂的左右回转、上下摆动（即俯仰）。

复合运动是指直线运动和回转运动的组合、两直线运动的组合以及两回转运动的组合。

2.3.4　手臂的运动机构介绍

1. 手臂直线运动机构

机器人手臂的伸缩、升降及横向（或纵向）移动均属于直线运动，而实现手臂往复直线运动的机构形式较多，常用的有活塞液压（气）缸、活塞缸和齿轮齿条机构、丝杠螺母机构及活塞缸和连杆机构等。

往复直线运动可采用液压或气压驱动的活塞液压（气）缸。由于活塞液压（气）缸的积小、重量轻，因而在机器人手臂结构中应用比较多。双导向杆手臂的伸缩结构如图 2-41 所示。手臂和手腕通过连接板安装在升降液压缸的上端。当双作用液压缸 1 的两腔分别通入液压油时，则推动活塞杆 2 （即手臂）做往复直线移动，导向杆 3 在导向套 4 内移动，以防手臂伸缩式转动（并兼作手腕回转缸 6 及末端执行器 7 的夹紧液压缸用的输油管道）。由于手臂的伸缩液压缸安装在两根导向杆之间，由导向杆承受弯曲作用，活塞杆只受拉压作用，故受力简单、传动平稳、外形整齐美观、结构紧凑。

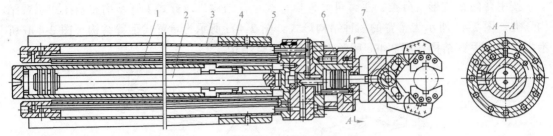

图 2-41 双导向杆手臂的伸缩结构

1—双作用液压缸 2—活塞杆 3—导向杆 4—导向套 5—支承座 6—手腕回转缸 7—末端执行器

2. 手臂俯仰运动机构

机器人的手臂俯仰运动一般采用活塞液压缸与连杆机构来实现。手臂的俯仰运动用的活塞缸位于手臂的下方，其活塞杆和手臂用铰链连接，缸体采用尾部耳环或中部销轴等方式与立柱连接，如图 2-42 所示。

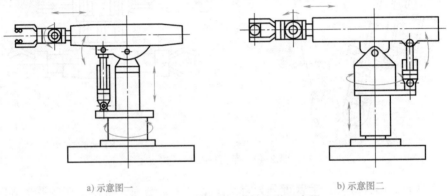

a) 示意图一   b) 示意图二

图 2-42 手臂俯仰驱动缸安装示意图

采用铰接活塞缸 5、7 和连杆机构，使小臂 4 相对于大臂 6、大臂 6 相对于立柱 8 实现俯仰运动，其结构示意图如图 2-43 所示。

3. 手臂回转运动机构

实现机器人手臂回转运动的机构形式是多种多样的，常用的有叶片式回转缸、齿轮传动机构、链轮传动机构、连杆机构。下面以齿轮传动机构中活塞缸和齿轮齿条机构为例来说明手臂的回转运动。齿轮齿条机构通过齿条的往复移动，带动与手臂连接的齿轮做往复回转运动，即实现手臂的回转运动。带动齿条往复移动的活塞缸可以由液压油或压缩气体驱动。手臂升降和回转运动的结构示意图如 2-44 所示。活塞液压缸两腔

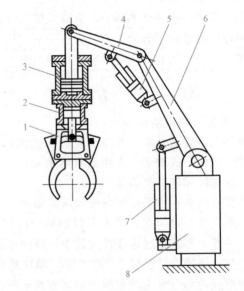

图 2-43 铰接活塞缸实现手臂俯仰运动的结构示意图

1—手臂 2—夹紧缸 3—升降缸 4—小臂
5、7—铰接活塞缸 6—大臂 8—立柱

分别进液压油，推动齿条活塞做往复移动（见 *A—A* 剖面），与齿条 7 啮合的齿轮 4 即做往复回转运动。由于齿轮 4、手臂升降缸体 2、连接板 8 均用螺钉连接成一体，连接板又与手臂固连，从而实现手臂的回转运动。升降液压缸的活塞杆通过连接盖 5 与机座 6 连接而固定不动，升降缸体 2 沿导向套做上下移动，因升降液压缸外部装有导向套，故刚性好、传动平稳。

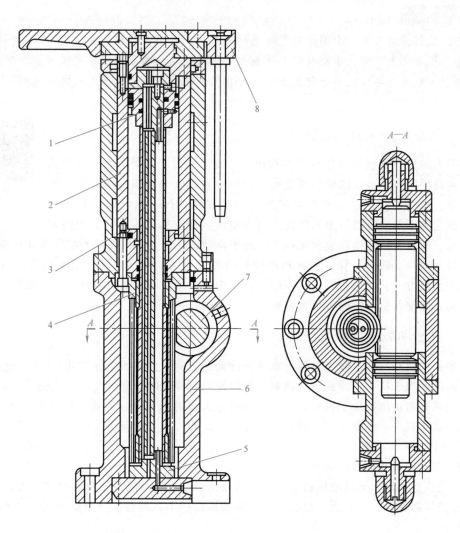

图 2-44　手臂升降和回转运动的结构示意图

1—活塞杆　2—升降缸体　3—导向套　4—齿轮　5—连接盖　6—机座　7—齿条　8—连接板

4. 手臂复合运动机构

手臂复合运动机构多用于动作程序固定不变的专用机器人，它不仅使机器人的传动结构简单，而且可简化驱动系统和控制系统，并使机器人传动准确、工作可靠，因而在生产中应用得比较多。除手臂实现复合运动外，手腕和手臂的运动也能组成复合运动。

手臂（或手腕）的复合运动可以由动力部件（如活塞缸、回转缸、齿条活塞缸等）与常用机构（如凹槽机构、连杆机构、齿轮机构等）按照手臂的运动轨迹（即路线）或手臂和手腕的动作要求进行组合。

2.4 工业机器人的机身

本节导入

　　工业机器人必须有一个便于安装的基础件基座。机座往往与机身做成一体，机身与手臂相连，机身支承手臂，手臂又支承手腕和末端执行器。那么，机器人有哪些典型机身结构？机器人机身与手臂之间如何配置？下面我们就来学习工业机器人的机身结构。

2.4.1　工业机器人的机身概述

本节思维导图

　　机器人的机身（或称立柱）是直接连接、支承和传动手臂及行走机构的部件，实现手臂各种运动的驱动装置和传动件一般都安装在机身上。手臂的运动越多，机身的受力越复杂。机身既可以是固定式的，也可以是行走式的，即在它的下部装有能行走的机构，可沿地面或架空轨道运行。对于固定式机器人，机身直接连接在地面基础上；对于移动式机器人，机身则安装在移动机构上。机身由手臂运动（升降、平移、回转和俯仰）机构及有关的导向装置、支承件等组成。由于机器人的运动方式、使用条件、载荷能力各不相同，所采用的驱动装置、传动机构、导向装置也不同，致使其机身结构有很大差异。

2.4.2　工业机器人的机身结构

　　机器人的机身结构一般由机器人总体设计确定。例如，柱面坐标机器人把回转与升降这两个自由度归属于机身，球面坐标机器人把回转与俯仰这两个自由度归属于机身，多关节型机器人把回转自由度归属于机身，直角坐标机器人有时把升降（Z 轴）或水平移动（X 轴）自由度归属于机身。下面介绍两种典型机身结构，即回转与升降机身和回转与俯仰机身。

1. 回转与升降机身

回转与升降机身的特征如下：

1）液压缸驱动，升降液压缸在下，回转液压缸在上，升降活塞杆的尺寸要大。

2）液压缸驱动，回转液压缸在下，升降液压缸在上，回转液压缸的驱动力矩要设计得大一些。

3）链轮传动机构，回转角度可大于 360°。

图 2-45 为链条链轮传动实现机身回转的原理图。图 2-45a 所示为单杆活塞气缸驱动链条链轮传动机构，图 2-45b 所示为双杆活塞气缸驱动链条链轮传动机构。

2. 回转与俯仰机身

同 2.3.4 手臂的运动机构介绍中"2. 手臂俯仰运动机构"中的介绍。

2.4.3　工业机器人机身与手臂的配置形式

　　机身和手臂的配置形式基本上反映了机器人的总体布局。因机器人的运动要求、工作对象、作业环境和场地等因素的不同，故出现了各种不同的配置形式，目前常用的有横梁式、立柱式、机座式、屈伸式等几种。

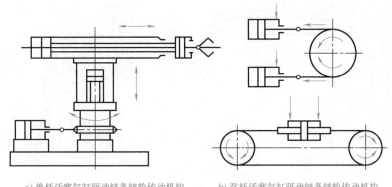

a) 单杆活塞气缸驱动链条链轮传动机构　　　　b) 双杆活塞气缸驱动链条链轮传动机构

图 2-45　链条链轮传动实现机身回转的原理图

1. 横梁式

机身设计成横梁式,用于悬挂手臂部件,这类机器人的运动形式大多为移动式。它具有占地面积小、能有效利用空间、直观等优点。横梁可设计成固定的或行走的,一般横梁安装在厂房原有建筑的柱梁或有关设备上,也可从地面架设。图 2-46 所示为横梁式机身。

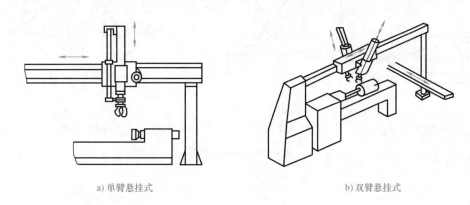

a) 单臂悬挂式　　　　　　　　　　b) 双臂悬挂式

图 2-46　横梁式机身

2. 立柱式

立柱式机器人多采用回转型、俯仰型或屈伸型的运动形式,是一种常见的配置形式,其手臂一般都可在水平面内回转,具有占地面积小、工作范围大的特点。立柱可固定安装在空地上,也可以固定在床身上。立柱式机身结构简单,服务于某种主机,承担上、下料或转运等工作,如图 2-47 所示。

3. 机座式

机身设计成机座式,这种机器人可以是独立的、自成系统的完整装置,可以随意安放和搬动,也可以具有行走机构,如沿地面上的专用轨道移动,以扩大其活动范围。各种运动形式的机身均可设计成机座式的,如图 2-48 所示。

4. 屈伸式

屈伸式机器人的手臂由大小臂组成,大小臂间有相对运动,称为屈伸臂。屈伸臂与机身间的配置形式关系到机器人的运动轨迹,可以做平面运动,也可以做空间运动,如图 2-49 所示。

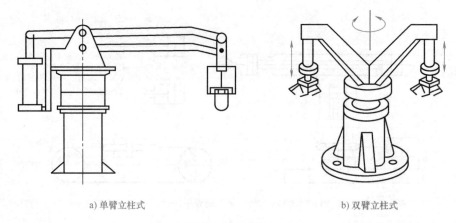

a) 单臂立柱式   b) 双臂立柱式

图 2-47 立柱式机身

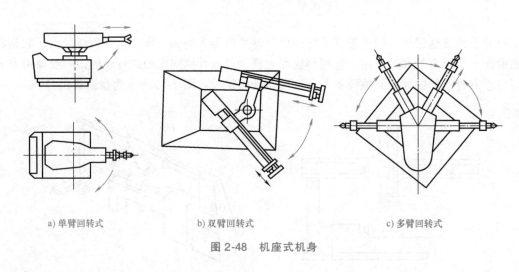

a) 单臂回转式   b) 双臂回转式   c) 多臂回转式

图 2-48 机座式机身

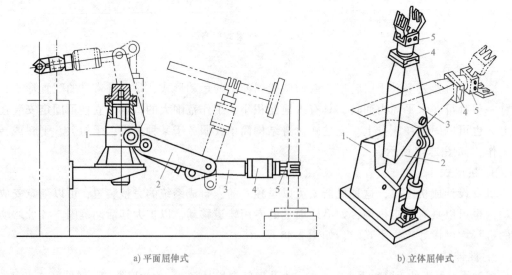

a) 平面屈伸式   b) 立体屈伸式

图 2-49 屈伸式机身

1—立柱 2—大臂 3—小臂 4—末端执行器 5—机身

2.5　工业机器人的行走机构

　　说到行走机构，我们首先会想到人的两条腿和脚，在讲述工业机器人的行走机构之前，大家先来想想人的腿和脚所处的位置以及作用，再推想一下机器人的行走机构所处的位置及作用。那么，工业机器人的行走机构由哪些部分组成，在工作中各起什么作用？又有哪些分类？下面就来学习工业机器人的行走机构。

2.5.1　工业机器人行走机构概述

　　大多数工业机器人是固定的，还有少部分可以沿着固定轨道移动，但随着工业机器人应用范围的不断扩大，以及海洋开发、原子能工业及航空航天等领域的不断发展，具有一定智能的可移动机器人将是未来机器人的发展方向之一，并会得到广泛应用。

本节思维导图

　　行走机构是行走机器人的重要执行部件，它由驱动装置、传动机构、位置检测元件、传感器、电缆及管路等组成。它一方面支承机器人的机身、手臂和末端执行器，因而必须具有足够的刚度和稳定性；另一方面它还要根据作业任务的要求，带动机器人在更广阔的空间内运动。

　　行走机构一般具备以下几个方面的特点：可以移动；自行重新定位；自身可平衡；有足够的强度和刚度。

　　行走机构按其运动轨迹，可分为固定轨迹式和无固定轨迹式。固定轨迹式行走机构主要用于工业机器人，如横梁式机器人。无固定轨迹式行走机构按其行走机构的结构特点，可分为车轮式行走机构、履带式行走机构和足式行走机构等。一般室内的工业机器人多采用车轮式行走机构；室外的工业机器人为适应野外环境，多采用履带式行走机构；一些仿生机器人，通常模仿某种生物的运动方式而采用相应的行走机构。其中，轮式行走机构效率最高，但适应能力相对较差；足式行走机构能力强，但效率最低。

2.5.2　固定轨迹式行走机构

　　固定轨迹式工业机器人的机身底座安装在一个可移动的拖板座上，靠丝杠螺母驱动，整个机器人沿丝杠纵向移动。这类机器人除采用这种直线驱动方式外，有时也采用类似起重机梁行走的方式等。这种工业机器人主要用在作业区域大的场合，比如大型设备装配、立体化仓库中的材料搬运、材料堆垛和储运、大面积喷涂等。固定轨迹式行走机构如图 2-50 所示。

2.5.3　无固定轨迹式行走机构

　　无固定轨迹式行走机构主要有车轮式行走机构、履带式行走机构、足式行走机构，此外还有适用于各种特殊场合的步行式行走机构蠕动式行走机构、混合式行走机构和蛇形行走机构等。下面主要介绍车轮式行走机构、履带式行走机构和足式行走机构。

图 2-50　固定轨迹式行走机构

1. 车轮式行走机构

车轮式行走机器人是机器人中应用最多的一种机器人，在相对平坦的地面上，用车轮移动方式行走是相当优越的。

（1）车轮的形式　车轮的形状或结构形式取决于地面的性质和车辆的承载能力。在轨道上运行的多采用实心钢轮，室外路面上行驶的多采用充气轮胎，室内地面上行驶的可采用实心轮胎。图 2-51 所示为不同的车轮形式，图 2-51a 所示的传统车轮适合于平坦的坚硬路面；图 2-51b 所示的半球形轮是为火星表面而开发的；图 2-51c 所示的充气球轮适合于沙丘地形；图 2-51d 所示为车轮的一种变形，称为无缘轮，用来爬越阶梯及在水田中行驶。

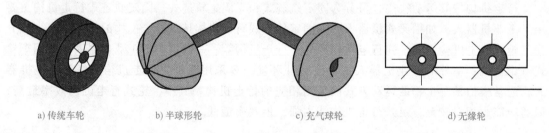

| a) 传统车轮 | b) 半球形轮 | c) 充气球轮 | d) 无缘轮 |

图 2-51　车轮的形式

（2）车轮的配置和转向机构　图 2-52 所示为三轮车轮的配置和转向机构。其中，图 2-52a 所示为两后轮独立驱动，前轮为小脚轮构成的辅助轮；图 2-52b 所示为前轮驱动和转向，两后轮为从动轮；图 2-52c 所示为后轮通过差动齿轮驱动，前轮转向。

四轮行走机构也是一种常用的配置形式。普通车轮行走机构对崎岖不平的地面适应性很差，为了提高轮式车轮的地面适应能力，设计了越障轮式机构。这种行走机构往往是多轮式行走机构，如图 2-53 所示的火星探测用小漫游车。

图 2-54 所示是一种感应引导的车轮式行走机器人，如此配置的行走机器人可用于机床上、下料，机床间工件或工具的传送、接收等。车轮式行走机器人是自动化生产由单元生产向柔性生产线乃至无人车间发展的重要设备之一。车轮式行走机构也是遥控机器人移动的一

a）两后轮独立驱动　　　b）前轮驱动和转向　　　c）后轮差动,前轮转向

图 2-52 三轮车轮的配置和转向机构

图 2-53 火星探测用小漫游车

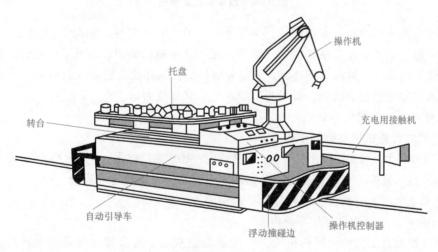

图 2-54 感应引导的车轮式行走机器人

种基本方式。

　　用四轮构成的车可通过控制各轮的转向角来实现机器人的定位。自由度多且能简单设定机器人所需位置及方向的移动车称为全方位移动车。图 2-55 所示是表示全方位移动车移动方式的各车轮转向角。

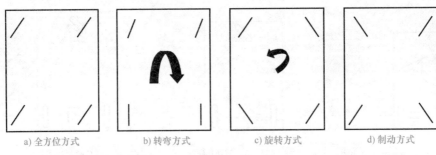

a) 全方位方式   b) 转弯方式   c) 旋转方式   d) 制动方式

图 2-55　全方位移动车的移动方式

2. 履带式行走机构

履带式行走机构适合在未改造的天然路面上行走，是轮式行走机构的扩展，履带本身起着给车轮连续铺路的作用。

（1）履带式行走机构的构成　**履带式行走机构**由履带、驱动链轮、支承轮、托带轮和张紧轮（导向轮）组成，如图 2-56 所示。

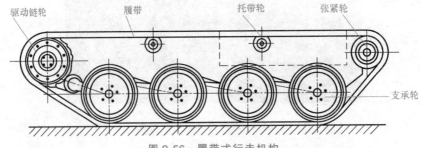

图 2-56　履带式行走机构

履带式行走机构的形状有很多种，主要是一字形、倒梯形等，如图 2-57 所示。图 2-57a 所示为一字形，驱动轮及张紧轮兼作支承轮，增大支承地面面积，改善了稳定性，此时驱动轮和导向轮只略微高于地面。图 2-57b 所示为倒梯形，其好处是适合穿越障碍。另外，减少了泥土加入引起的磨损和失效，可以提高驱动轮和张紧轮寿命。

（2）履带式行走机构的特点

1）履带式行走机构具有如下优点：

① 支承面积大，接地比压小，适合在松软或泥泞场地进行作业，下陷度小，滚动阻力小。

② 越野机动性好，可以在有些凹凸的地面上行走，可以跨越障碍物。

③ 履带支承面上有履齿，不易打滑，牵引附着性能好。

2）履带式行走机构具有如下缺点：

① 由于没有自定位轮及转向机构，只能依靠左右两个履带的速度差实现转弯，因此在横向和前进方面都会产生滑动。

② 转弯阻力大，不能准确地确定回转半径。

③ 结构复杂，重量大，运动惯性大，减振功能差，零件易损坏。

3. 足式行走机构

足式行走机构有很大的适应性，尤其在有障碍物的通道（如管道、台阶）或很难接近的工作场地更有优越性。足式行走机构在不平地面或松软地面上的运动速度较高，能耗较少。

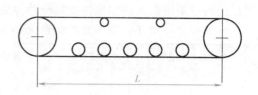

a) 一字形

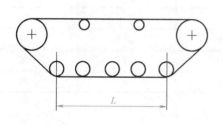

b) 倒梯形

图 2-57　履带式行走机构的形状

（1）足的数目　足的数目多，适合于重载和慢速运动。双足和四足具有最好的适应性和灵活性，接近人类和动物。图 2-58 显示了单足、双足、三足、四足和六足行走机构。

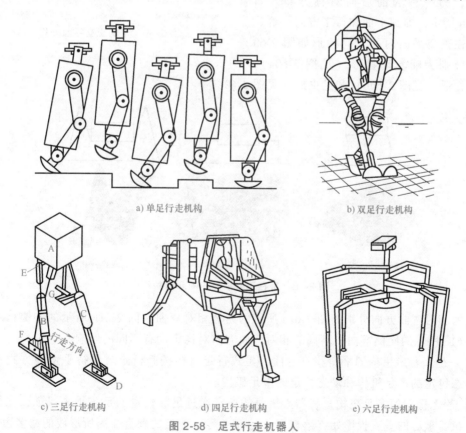

a) 单足行走机构　　　　　　　　　　　b) 双足行走机构

c) 三足行走机构　　　　d) 四足行走机构　　　　e) 六足行走机构

图 2-58　足式行走机器人

不同足式的行走机器人的主要性能指标对比见表 2-1。

表 2-1　不同足式的行走机器人的主要性能指标对比

足数	保持稳定姿态的能力	静态稳定行走的能力	高速静态稳定行走的能力	动态稳定行走的能力	用自由度数衡量的结构简单性
1	无	无	无	有	最好
2	无	无	无	有	最好
3	好	无	无	最好	好
4	最好	好	有	最好	好
5	最好	最好	好	最好	好
6	最好	最好	最好	好	一般
7	最好	最好	最好	好	一般
8	最好	最好	最好	好	一般

（2）足的配置　足的配置是指足相对于机体的位置和方位的安排。在假设足的配置为对称的前提下，四足或多于四足的配置可能有两种，一种是正向对称分布，如图 2-59a 所示，即腿的正交平面与行走方向垂直；另一种为前后向对称分布，如图 2-59b 所示，即腿平面和行走方向一致。

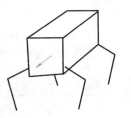

a) 正向对称分布　　　　b) 前后向对称分布

图 2-59　足的正交平面安排

足在正交平面内的几何构形如图 2-60 所示，分别为哺乳动物形（见图 2-60a）、节肢动物形（见图 2-60b）和昆虫形（见图 2-60c）。

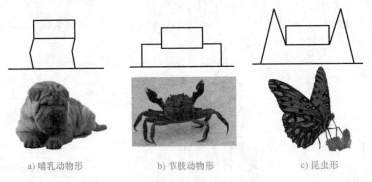

a) 哺乳动物形　　　　　b) 节肢动物形　　　　　c) 昆虫形

图 2-60　足在正交平面内的几何构形

足的相对弯曲方向分别为图 2-61a 所示的内侧相对弯曲、图 2-61b 所示的外侧相对弯曲及图 2-61c 所示的同侧弯曲。不同的相对弯曲方向对稳定性有不同的影响。

（3）足式行走机构的平衡和稳定性　足式行走机构按其行走时保持平衡的方式不同可分为静态稳定的多足机构和动态稳定的多足机构。

1）静态稳定的多足机构。机器人机身的稳定通过足够数量的足支承来保证，在行走过程中，机身重心的垂直投影始终落在支承足着（落）地点的垂直投影所形成的凸多边形内。

a) 内侧相对弯曲

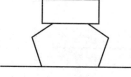
b) 外侧相对弯曲

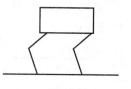
c) 同侧弯曲

图 2-61　足的相对弯曲方向

　　四足机器人在静止状态是稳定的，它在步行时，一只脚抬起，另外三只脚支承自重时，必须移动身体，让重心落在三只脚接地点所组成的三角形内。六足、八足步行机器人由于行走时可保证至少有三足同时支承机体，在行走时更容易得到稳定的重心位置。

　　在设计阶段，静平衡的机器人的物理特性和行走方式都经过认真协调，因此在行走时不会发生严重偏离平衡位置的现象。为了保持静平衡，机器人需要仔细考虑机器足的配置，保证至少同时有三个足着地来保持平衡，也可以采用大的机器足，使机器人能通过足部接触地面，易于控制平衡。

　　2）动态稳定的多足机构。在动态稳定中，机体重心有时不在支承图形中，利用这种重心超出面积外而向前产生倾倒的分力作为行走的动力，并不停地调整平衡点以保证不会跌倒。

　　双足行走和单足行走有效地利用了惯性力和重力，利用重力时身体向前倒来向前运动。这就要求机器人控制器必须不断地将机器人的平衡状态反馈回来，通过不停地改变加速度或者重心的位置来满足平衡或定位的要求。

2.6　工业机器人的传动系统

本节导入

　　工业机器人的驱动源通过传动部件来驱动关节的移动或转动，从而实现机身、手臂和手腕的运动。因此，传动部件是构成工业机器人的重要部件。那么，工业机器人的传动机构有哪些？它们的工作原理又是什么？

　　驱动装置的受控运动必须通过传动装置带动机械臂产生运动，以保证末端执行器所要求的位置、姿态准确和实现其运动。

本节思维导图

　　目前，工业机器人广泛采用的机械传动装置是减速器，与通用减速器相比，机器人关节减速器要具有传动链短、体积小、功率大、重量轻和易于控制等特点。大量应用在多关节型机器人上的减速器主要有 RV 减速器和谐波减速器两类。精密减速器使机器人伺服电动机在一个合适的速度下运转，并精确地将转速降到工业机器人各部分需要的速度，在提高机械本体刚性的同时输出更大的转矩。一般将 RV 减速器放置在机身、腰部（机器人臂部的支承部分）、大臂等重负载位置（主要用于 20kg 以上的机器人关节）；而谐波减速器放置在小臂、手腕和末端执行器等轻负载位置（主要用于 20kg 以下的机器人关节）。

此外，机器人还采用轴承传动、丝杠传动、齿轮传动、链条（带）传动、绳传动等。

1. 轴承传动

轴承是支承元件，其主要功能是支承机械旋转体，用以降低设备在传动过程中的机械载荷摩擦系数。工业机器人的轴承是其关键配套件之一，最适用于工业机器人的关节部位或者旋转部位。等截面薄壁轴承和交叉圆柱滚子轴承是工业机器人的应用中较为主要的两大类。

工业机器人的轴承有以下特点：

1）可承受轴向、径向、倾覆等方向的综合载荷。

2）薄壁型轴承。

3）高回转定位精度。

任何可满足此种设计需求的轴承都可用于工业机器人手臂、回转关节、底盘等部位。

（1）交叉滚子轴承 交叉滚子轴承如图 2-62 所示。圆柱滚子或圆锥滚子在呈 90°的 V 形沟槽滚动面上通过隔离块被相互垂直地排列，所以交叉滚子轴承可承受径向负荷、轴向负荷及力矩负荷等多方向的负荷。内外圈的尺寸被小型化，极薄形式更是接近于极限的小型尺寸，并且具有高刚性，精度可达到 P5、P4、P2 级，因此适合于工业机器人的关节部和旋转部。

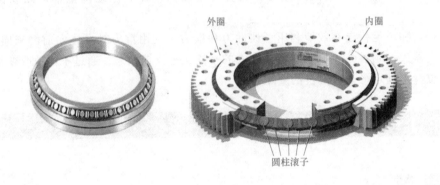

外圈　　　　内圈

圆柱滚子

图 2-62　交叉滚子轴承

交叉滚子轴承的特点：

1）具有出色的旋转精度。交叉滚子轴承的内部结构采用滚子呈 90°相互垂直交叉排列，滚子之间装有间隔保持器或者隔离块，可以防止滚子的倾斜或滚子之间相互摩擦，有效防止了旋转转矩的增加。另外，交叉滚子轴承不会发生滚子的一方接触现象或者锁死现象，同时因为内外环是分割的结构，间隙可以调整，即使被施加预压，也能获得高精度的旋转运动。

2）操作安装简化。被分割成两部分的外环或者内环，在装入滚子和保持器后，被固定在一起，所以安装时操作非常简单。

3）承受较大的轴向和径向负荷。因为滚子在呈 90°的 V 形沟槽滚动面上通过间隔保持器被相互垂直排列，这种设计使交叉滚子轴承可以承受较大的径向负荷、轴向负荷及力矩负荷等所有方向的负荷。

4）大幅节省安装空间。交叉滚子轴承的内外环尺寸被最小限度地小型化，特别是超薄结构是接近极限的小型尺寸，并且具有高刚性。

（2）等截面薄壁轴承 等截面薄壁轴承又称为薄壁套圈轴承，如图 2-63 所示，它精度高、非常安静且承载能力很强。等截面薄壁轴承可以是深沟球轴承、四点接触轴承、角接触球轴承，等截面薄壁轴承的横截面大多为正方形。在这些系列中，即使使用更大的轴直径和轴承孔，横截面也保持不变，这些轴承因此称为等截面轴承。正是这个特性将标准 ISO 系列中的等截面薄壁轴承与传统的轴承区别开来。因此，可以选择更大的横截面并使用承载能力更强的轴承而不必改变轴直径。

图 2-63　等截面薄壁轴承

　　为了得到轴承的低摩擦转矩、高刚性、良好的回转精度，使用了小外径的钢球。中空轴的使用，确保了轻量化和配线的空间。等截面薄壁轴承实现了极薄型的轴承断面，也实现了产品的小型化、轻量化。产品的多样性扩展了其用途范围。

　　2. 丝杠传动

　　丝杠传动有滑动式、滚珠式和静压式等。机器人传动用的丝杠具备结构紧凑、间隙小和传动效率高的特点。

　　滑动式丝杠螺母机构是连续的面接触，传动中不会产生冲击，传动平稳，无噪声，能自锁。因丝杠的螺纹升角较小，所以用较小的驱动转矩可获得较大的牵引力。但是，丝杠螺母螺旋面之间的摩擦为滑动摩擦，故传动效率低。滚珠丝杠传动效率高，而且传动精度和定位精度均很高，传动时灵敏度和平稳性也很好。由于磨损小，滚珠丝杠的使用寿命比较长，但成本较高。

　　图 2-64 所示为滚珠丝杠的基本组成。导向槽连接螺母的第一圈和最后两圈，使其形成滚动体可以连续循环的导槽。滚珠丝杠在工业机器人上的应用比滚柱丝杠多，因为后者结构尺寸大（径向和轴向）、传动效率低。

　　图 2-65 所示为采用丝杠螺母传动的手臂升降机构。由电动机 1 带动蜗杆 2 使蜗轮 5 回转，依靠蜗轮内孔的螺纹带动丝杠 4 做升降运动。为了防止丝杠的转动，在丝杠上端铣有花键，与固定在箱体 6 上的花键套 7 组成导向装置。

　　3. 行星齿轮传动

　　行星齿轮传动机构的结构简图如图 2-66 所示。行星齿轮传动机构尺寸小，惯量小；一级传动比大，结构紧凑；载荷分布在若干个行星齿轮上，内齿轮也具有较高的承载能力。

　　4. 谐波齿轮传动

　　（1）谐波齿轮传动机构的结构　谐波齿轮传动（简称谐波传动）机构通常由 3 个基本构件组成，包括一个有内齿的刚轮、一个带有外齿的柔轮和一个波发生器，如图 2-67 所示。在这 3 个基本构件中任意固定一个，其余一个为主动件，另一个为从动件（如刚轮固定不变，波发生器为主动件，柔轮为从动件）。

　　1）波发生器与输入轴相连，它由一个椭圆形凸轮和一个薄壁的柔性轴承组成，对柔性齿圈的变形起产生和控制作用。

　　2）柔轮有薄壁杯形、薄壁圆筒形或平嵌式等多种。薄壁圆筒形柔轮的开口端外面有齿圈，它随波发生器的转动而产生径向弹性变形，筒底部分与输出轴连接。

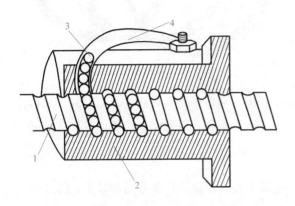

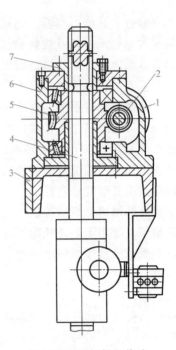

图 2-64　滚珠丝杠的基本组成

1—丝杠　2—螺母　3—滚珠

4—回路管道

图 2-65　丝杠螺母传动
的手臂升降机构

1—电动机　2—蜗杆　3—臂架

4—丝杠　5—蜗轮　6—箱体

7—花键套

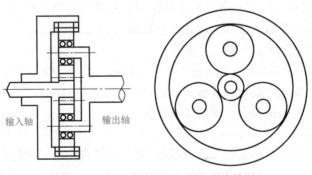

输入轴　　　　输出轴

图 2-66　行星齿轮传动机构的结构简图

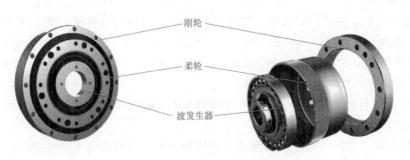

刚轮

柔轮

波发生器

图 2-67　谐波齿轮传动机构的结构

3）刚轮是一个刚性的内齿轮，双波谐波传动的刚轮通常比柔轮多两齿。谐波齿轮减速器多以刚轮固定，外部与箱体连接。

（2）谐波齿轮传动机构的工作原理　当波发生器装入柔轮后，迫使柔轮的剖面由原先的圆形变成椭圆形，其长轴两端附近的齿与刚轮的齿完全啮合（一般有 30% 左右的齿处在啮合状态），而短轴两端附近的齿则与刚轮完全脱开，周长上其他区段的齿处于啮合和脱离的过渡状态。当波发生器沿某一方向连续转动时，柔轮的变形不断改变，使柔轮与刚轮的啮合状态也不断改变，啮入→啮合→啮出→脱开→啮入，周而复始地进行。柔轮的外齿数少于刚轮的内齿数，从而实现柔轮相对刚轮沿发生器相反方向缓慢旋转。谐波齿轮传动机构的工作原理如图 2-68 所示。

（3）谐波齿轮传动机构的特点

1）结构简单、体积小、重量轻。与传动比相当的普通减速器相比，其体积和重量均减少 1/3 左右或更多。

2）传动比范围大。单级谐波减速器的传动比为 50 ~ 300，优选 75 ~ 250 的数值；双级谐波减速器的传动比为 3000 ~ 60000。

3）同时啮合的齿数多，传动精度高，承载能力大。

4）运动平稳、无冲击、噪声小。谐波减速器齿轮间的啮入、啮出是随着柔轮的变形逐渐进入和退出刚轮齿间的，啮合过程中以齿面接触，滑移速度小且无突然变化。

5）传动效率高，可实现高增速运动。

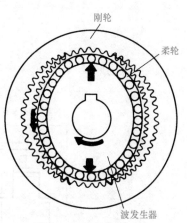

图 2-68　谐波齿轮传动
机构的工作原理

6）可实现差速传动。如果让波发生器和刚轮主动，柔轮从动，就可以构成一个差动传动机构，从而实现快、慢速工作状况的转换。

5. RV 减速器

RV 减速器的传动装置采用的是一种新型的二级封闭行星轮系，是在摆线针轮传动基础上发展起来的一种新型传动装置，在机器人领域占有主导地位。RV 减速器与机器人中常用的谐波减速器相比，具有较高的疲劳强度、刚度和寿命，而且回差精度稳定，不像谐波减速器那样随着使用时间增长，运动精度显著降低。因此，世界上许多高精度机器人的传动装置多采用 RV 减速器，且有逐渐取代谐波减速器的趋势。

（1）RV 减速器的特点

1）传动比范围大，传动效率高。

2）扭转刚度大，远大于一般摆线针轮减速器的输出机构。

3）在额定转矩下，弹性回差误差小。

4）传递同等转矩与功率时，RV 减速器较其他减速器体积小。

（2）RV 减速器的结构　图 2-69 为 RV 减速器的结构示意图，主要由太阳轮、行星齿轮、转臂（曲柄轴）、摆线轮（RV 齿轮）、针齿、刚性盘与输出盘等零部件组成。

1）太阳轮用来传递输入功率，且与新开线行星齿轮互相啮合。

2）行星齿轮与曲柄轴固连，均匀分布在一个圆周上，起功率分流的作用，将齿轮轴输入的功率分流传递给摆线轮行星机构。

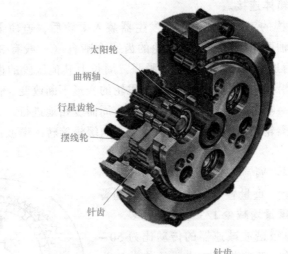

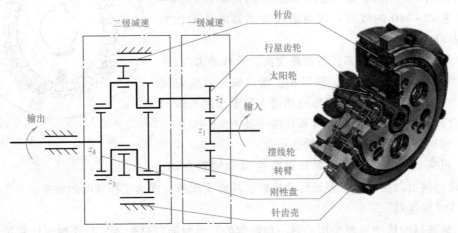

图 2-69 RV 减速器的结构示意图

3）曲柄轴是摆线轮的旋转轴。它的一端与行星齿轮相连接，另一端与支承圆盘相连接，既可以带动摆线轮产生公转，也可以使摆线轮产生自转。

4）摆线轮为了在传动机构中实现背向力的平衡，一般要在曲柄轴上安装两个完全相同的摆线轮，且两摆线轮的偏心位置相互成180°。

5）针轮上安装有多个针齿，与壳体固连在一起，统称为针轮壳体。

6）刚性盘是动力传动机构，其上均匀分布轴承孔，曲柄轴的输出端通过轴承安装在这个刚性盘上。

7）输出盘是减速器与外界从动工作机相连接的构件，与刚性盘相互连接成为一体，输出运动或动力。

（3）RV 减速器的工作原理　图 2-70 为 RV 减速器的结构简图。RV 减速器由第一级渐开线圆柱齿轮行星减速机构和第二级摆线针轮行星减速机构两部分组成。如果渐开线太阳轮 1 顺时针方向旋转，则渐开线行星齿轮 2 在公转的同时还进行逆时针方向自转，并通过曲柄轴 3 带动摆线轮 4 进行偏心运动，同时通过曲柄轴 3 将摆线轮 4 的转动等速传给输出机构。

6. 同步带传动

同步带传动主要用来传递平行轴间的运动。同步传送带和带轮的接触面都制成相应的齿形，靠啮合传递功率，其传动原理如图 2-71 所示，齿的节距用包络带轮时的圆节距 t 表示。

同步带传动比的计算公式为

$$i = \frac{n_2}{n_1} = \frac{z_1}{z_2} \tag{2-1}$$

式中，i 为传动比；n_1 是主动轮转速，单位为 r/min；n_2 是从动轮转速，单位为 r/min；z_1 是主动轮齿数；z_2 是从动轮齿数。

同步带传动的优点：传动时无滑动，传动比较准确且平稳；速比范围大；初始拉力小；轴与轴承不易过载。但是，这种传动机构的制造及安装要求严格，对带的材料要求也较高，因而成本较高。同步带传动适合于电动机与高减速比减速器之间的传动。

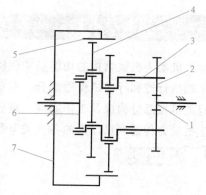

图 2-70　RV 减速器的结构简图
1—渐开线太阳轮　2—渐开线行星齿轮
3—曲柄轴　4—摆线轮　5—针齿
6—输出盘　7—针齿壳（机架）

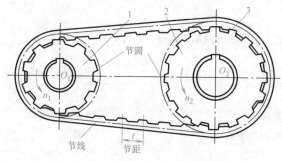

图 2-71　同步带的传动原理
1—主动轮　2—从动轮　3—传送带

7. 缆绳传动

缆绳传动是靠紧绕在槽轮上的绳索与槽轮间的摩擦力来传递动力与运动的机械传动。传动用的绳索有棉绳索、麻绳索、涤纶绳索和钢丝绳索等。

（1）缆绳传动在手臂传动中的应用　图 2-72 所示为 Cienzia Machinale 绳缆驱动机器人 Dexter，其第 3~8 个电动机布置在第二连杆中，通过钢缆及滑轮将运动传递到末端。

（2）缆绳传动在手爪传动中的应用　缆绳传动在手爪传动中的应用多是用于多关节柔性手爪。图 2-25 所示的多关节柔性手，每个手指由多个关节串接而成，手指传动部分由牵引钢丝绳及摩擦滚轮组成，每个手指由两根钢丝绳牵引。

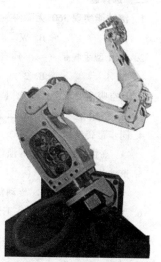

图 2-72　Cienzia Machinale
绳缆驱动机器人 Dexter

2.7　本章小结

机器人机械结构的功能是实现机器人的运动，完成规定的各种操作，包括手臂、手腕、末端执行器和行走机构等部分。本章分别介绍了工业机器人的末端执行器、手腕、手臂和机身的机械部分构成及工作原理，最后还介绍了机器人的传动机构。传动机构用于把驱动器产生的动力传递到机器人的各个关节和动作部位，实现机器人的平稳运动。

📖 思维导图

扫码查看本章高清思维导图全图

💬 思考与练习

一、填空题

1. 气吸附式末端执行器按形成压力差的方法分类，可分为_____、_____和_____三种基本类型。

2. 机器人系统大致由_____、机械系统、_____和控制系统、感知系统、_____等部分组成。

3. 机器人常用的减速器有_____和_____等两种主要类型。

4. 无固定轨迹式行走机构主要有_____、_____和_____三种基本类型。

二、选择题

1. 滚转能实现360°无障碍旋转的关节运动，通常用（　　）来标记。

    A. R　　　　　B. W　　　　　C. B　　　　　D. L

2. RRR 型手腕是（　　）自由度手腕。

    A. 1　　　　　B. 2　　　　　C. 3　　　　　D. 4

3. 真空吸盘要求工件表面（　　）、干燥清洁，同时气密性好。

    A. 粗糙　　　B. 凸凹不平　　C. 平缓突起　　D. 平整光滑

4. 同步带传动属于（　　）传动，适合于在电动机和高减速比减速器之间使用。

    A. 高惯性　　B. 低惯性　　　C. 高速比　　　D. 大转矩

5. 谐波传动的缺点是（　　）。

    A. 扭转刚度低　B. 传动侧隙小　C. 惯量小　　　D. 精度高

6. 手爪的主要功能是抓住工件、握持工件和（　　）工件。

    A. 固定　　　　B. 定位　　　　C. 释放　　　　D. 触摸。

三、简答题

1. 夹持式末端执行器由哪些部分组成？各部分作用是什么？

2. 吸附式末端执行器由哪些部分组成？各部分作用是什么？

3. 机器人手腕的自由度及其组合方式有哪些？

4. 机器人机身与手臂的配置形式有哪几类？各有何特点？

5. 常见的机器人机身有哪几种？

6. 常见的机器人的传动方式有哪些？

7. 简述谐波传动的优缺点。

8. 机器人的机械结构由哪几部分组成？

9. 试论述车轮式行走机构、履带式行走机构和足式行走机构的特点和各自适用的场合。

扫码查看答案

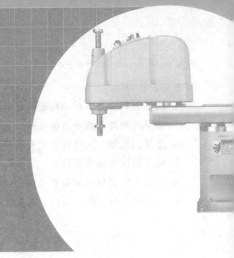

第**3**章

工业机器人运动学和动力学

机器人操作臂可以看作是由一系列连杆通过转动或移动关节串联而成的开式运动链，开链的一端固定在基座上，另一端是自由的，装有末端执行器，完成各种作业。机器人的工作是由控制器指挥的，原则上它的每个自由度都可单独传动。机器人执行工作任务时，通过控制器根据加工轨迹规划好位姿序列数据，运用逆向运动学算法计算出关节参数序列，使末端执行器按照预定的位姿序列运动。机器人运动学主要研究机器人各个坐标系之间的运动关系，是机器人进行运动控制的基础。

从控制观点看，机器人系统代表的是多变量的和非线性的自动控制系统，也是个复杂的动力学耦合系统。每个控制任务本身，也是一个动力学任务。因此，研究机器人的动力学问题，也是为了进一步讨论控制问题。

■ 3.1 工业机器人运动学

本节导入

机器人运动学研究包含两类问题：一类是机器人的关节变量已知，用正向运动学来确定机器人末端执行器的位姿，即正运动学分析问题；另一类是使机器人的末端执行器放到特定的位置上，并且具有特定的姿态，用逆向运动学来计算出每一个关节变量的值，即逆运动学分析问题。显然，正问题的解简单且唯一，逆问题的解是复杂的，而且具有多解性，在求解时往往需要一些技巧和经验。

在工业机器人控制中，先根据工作任务的要求确定末端执行器要到达的目标位姿，然后根据逆向运动学求出关节变量，控制器以求出的关节变量为目标值，对各关节的驱动元件发出控制命令，驱动关节运动，使末端执行器到达并呈现目标位姿。可见，工业机器人逆向运动学是工业机器人控制的基础。在后面的介绍中我们会发现，正向运动学又是逆向运动学的基础。

本节思维导图

工业机器人相邻连杆之间的相对运动不是旋转运动就是平移运动，这种运动体现在连接两个连杆的关节上。物理上的旋转运动或平移运动在数学上可以用矩阵代数来表达，这种表达称为坐标变换。与旋转运动对应的是旋转变换，与平移运动对应的是平移变换。坐标系之间的运动关系可以用矩阵之间的乘法运算来表达。用坐标变换来描述坐标系（刚体）之间的运动关系是工业机器人运动学分析的基础。

在工业机器人运动学分析中要注意下面四个问题：

1）工业机器人操作臂可以看成一个开式运动链，它是由一系列连杆通过转动或移动关节串联起来的。开链的一端固定在机座上，另一端是自由的。自由端安装着手爪或工具（统称为手部或末端执行器），用以操作物体，完成各种作业。关节变量的改变导致连杆的运动，从而导致手爪位姿的变化。

2）在开链机构简图中，关节符号只表示了运动关系。在实际结构中，关节由驱动器驱动，驱动器一般要通过减速装置（如用电动机或马达驱动）或机构（如用液压缸）来驱动操作臂运动，实现要求的关节运动。

3）为了研究操作臂各连杆之间的位移关系，可在每个连杆上固连一个坐标系，然后描述这些坐标系之间的关系。Denavit 和 Hartenberg 提出一种通用的方法，用一个 4×4 的齐次变换矩阵描述相邻两连杆的空间关系，从而推导出"手部坐标系"相对于"固定坐标系"的齐次变换矩阵，建立操作臂的运动方程。

4）在轨迹规划时，人们最感兴趣的是末端执行器相对于固定坐标系的位姿。

3.1.1　工业机器人的位姿描述

以工业上常见的关节式机器人为例，通常将机器人的各个连杆、操作对象、工具、工件和障碍物都当成刚体，用齐次变换来描述这些坐标系之间的相对位置和姿态方向（简称位姿）。齐次变换既有较直观的几何意义，又可描述各杆件之间的关系，所以常用于解决运动学问题。

1. 点的位置描述

在直角坐标系 $\{A\}$ 中，空间任一点 P 的位置可用 3×1 的位置矢量 $^A\boldsymbol{P}$ 表示，如图 3-1 所示。位置矢量 $^A\boldsymbol{P}$ 可表示为

$$^A\boldsymbol{P} = \begin{pmatrix} p_x \\ p_y \\ p_z \end{pmatrix} \tag{3-1}$$

式中，p_x、p_y、p_z 是点 P 在参考坐标系 $\{A\}$ 中的三个坐标分量；$^A\boldsymbol{P}$ 的上标 A 代表参考坐标系 $\{A\}$。

2. 坐标系的方位描述

为确定空间坐标系 $\{B\}$ 的方位，需要建立参考坐标系 $\{A\}$，用坐标系 $\{B\}$ 的三个单位主矢量 x_B、y_B、z_B 相对于坐标系 $\{A\}$ 的方向余弦组成 3×3 矩阵为

$$^A_B\boldsymbol{R} = \begin{bmatrix} ^A\boldsymbol{x}_B & ^A\boldsymbol{y}_B & ^A\boldsymbol{z}_B \end{bmatrix} = \begin{pmatrix} r_{11} & r_{12} & r_{13} \\ r_{21} & r_{22} & r_{23} \\ r_{31} & r_{32} & r_{33} \end{pmatrix} \tag{3-2}$$

式中，上标 A 代表参考坐标系 $\{A\}$；下标 B 代表被描述的坐标系 $\{B\}$；$^A_B\boldsymbol{R}$ 称为旋转矩阵；三个列向量 $^A\boldsymbol{x}_B$、$^A\boldsymbol{y}_B$、$^A\boldsymbol{z}_B$ 都是单位矢量，且两两垂直，所以它的 9 个元素满足 6 个约束条件（即正交

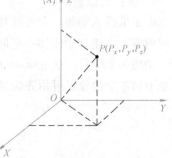

图 3-1　点的位置描述

条件），即

$$^A\boldsymbol{x}_B \cdot {}^A\boldsymbol{x}_B = {}^A\boldsymbol{y}_B \cdot {}^A\boldsymbol{y}_B = {}^A\boldsymbol{z}_B \cdot {}^A\boldsymbol{z}_B = 1 \tag{3-3}$$

$$^A\boldsymbol{x}_B \cdot {}^A\boldsymbol{y}_B = {}^A\boldsymbol{y}_B \cdot {}^A\boldsymbol{z}_B = {}^A\boldsymbol{z}_B \cdot {}^A\boldsymbol{x}_B = 0 \tag{3-4}$$

因此，旋转矩阵 ${}^A_B\boldsymbol{R}$ 是单位正交的，并且 ${}^A_B\boldsymbol{R}$ 的逆与它的转置相同，其行列式等于 1，有

$$^A_B\boldsymbol{R}^{-1} = {}^A_B\boldsymbol{R}^{\mathrm{T}} \qquad \det{}^A_B\boldsymbol{R} = 1 \tag{3-5}$$

3. 齐次坐标

如果用 4 个数组成的 4×1 列阵表示三维空间直角坐标系 {A} 中的点 P，则该列向量称为三维空间点 P 的齐次坐标，表示为

$$\boldsymbol{P} = \begin{pmatrix} p_x \\ p_y \\ p_z \\ 1 \end{pmatrix} \tag{3-6}$$

齐次坐标并不是唯一的，当列向量的每一项分别乘以一个非零因子 ω 时，则有

$$\boldsymbol{P} = \begin{pmatrix} p_x \\ p_y \\ p_z \\ 1 \end{pmatrix} = \begin{pmatrix} a \\ b \\ c \\ \omega \end{pmatrix} \tag{3-7}$$

式中，$a = \omega p_x$，$b = \omega p_y$，$c = \omega p_z$。该列向量也表示 P 点，因此齐次坐标的表示不是唯一的。

若用 i、j、k 来表示直角坐标系中 X、Y、Z 坐标轴的单位向量，用齐次坐标来描述 X、Y、Z 轴的方向，则有

$$\boldsymbol{X} = \begin{pmatrix} 1 \\ 0 \\ 0 \\ 0 \end{pmatrix} \qquad \boldsymbol{Y} = \begin{pmatrix} 0 \\ 1 \\ 0 \\ 0 \end{pmatrix} \qquad \boldsymbol{Z} = \begin{pmatrix} 0 \\ 0 \\ 1 \\ 0 \end{pmatrix}$$

规定：

1）4×1 列阵 $(a \quad b \quad c \quad 0)^{\mathrm{T}}$ 中的第 4 个元素为 0，且 $a^2 + b^2 + c^2 = 1$，则表示某矢量（或某轴）的方向。

2）4×1 列阵 $(a \quad b \quad c \quad \omega)^{\mathrm{T}}$ 中的第 4 个元素不为 0，则表示空间某点的位置。

4. 刚体的位姿描述

由于机器人的每一个连杆均可视为一个刚体，若给定了刚体上某一点的位置和该刚体在空间的姿态，则这个刚体在空间上是唯一确定的，可以用唯一的一个位姿矩阵进行描述。

如图 3-2 所示，令坐标系 $O'X'Y'Z'$ 与刚体 Q 固连，称为动坐标系，则刚体 Q 在固定坐标系 OXYZ 中的位置可用齐次坐标形式表示为

$$\boldsymbol{P} = \begin{pmatrix} x_0 \\ y_0 \\ z_0 \\ 1 \end{pmatrix} \tag{3-8}$$

令 $\boldsymbol{n}$、$\boldsymbol{o}^{\ominus}$、$\boldsymbol{a}$ 分别为 X'、Y'、Z' 坐标轴的单位方向矢量，则有

㊀ 公式中字母 "O" 用小写。

$$n = \begin{pmatrix} n_x \\ n_y \\ n_z \\ 1 \end{pmatrix}, o = \begin{pmatrix} o_x \\ o_y \\ o_z \\ 1 \end{pmatrix}, a = \begin{pmatrix} a_x \\ a_y \\ a_z \\ 1 \end{pmatrix} \qquad (3\text{-}9)$$

刚体的 4×4 位姿矩阵表示为

$$T = (\begin{matrix} n & o & a & p \end{matrix}) = \begin{pmatrix} n_x & o_x & a_x & x_0 \\ n_y & o_y & a_y & y_0 \\ n_z & o_z & a_z & z_0 \\ 0 & 0 & 0 & 1 \end{pmatrix} \qquad (3\text{-}10)$$

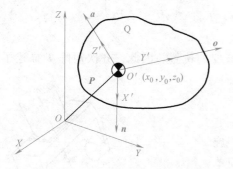

图 3-2　刚体的位姿描述

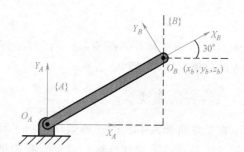

图 3-3　刚体的位姿

例 3-1　图 3-3 中，$\{A\}$ 为固定坐标系，$\{B\}$ 为固连于刚体的动坐标系，坐标原点位于 O_B 点，且有 $x_b = 10$，$y_b = 5$，$z_b = 0$。Z_B 轴与页面垂直，坐标系 $\{B\}$ 相对 $\{A\}$ 有一个绕 Z_A 轴 30° 的偏转，试写出表示刚体位姿的坐标系 $\{B\}$ 的 4×4 位姿矩阵。

解：X_B 的方向阵列为

$$n = (\begin{matrix} \cos30° & \cos60° & \cos90° & 0 \end{matrix})^T = (\begin{matrix} 0.866 & 0.5 & 0 & 0 \end{matrix})^T$$

Y_B 的方向阵列为

$$o = (\begin{matrix} \cos120° & \cos30° & \cos90° & 0 \end{matrix})^T = (\begin{matrix} -0.5 & 0.866 & 0 & 0 \end{matrix})^T$$

Z_B 的方向阵列为

$$\alpha = (\begin{matrix} 0 & 0 & 1 & 0 \end{matrix})^T$$

坐标系 $\{B\}$ 的位置列阵为

$$p_B = (\begin{matrix} 10 & 5 & 0 & 1 \end{matrix})^T$$

因此，坐标系 $\{B\}$ 的 4×4 位姿矩阵为

$$T = \begin{bmatrix} n & o & a & p \end{bmatrix} = \begin{pmatrix} 0.866 & -0.5 & 0 & 10 \\ 0.5 & 0.866 & 0 & 5 \\ 0 & 0 & 1 & 0 \\ 0 & 0 & 0 & 1 \end{pmatrix}$$

5. 机器人末端执行器的位姿描述

图 3-4 中是机器人的一个末端执行器。为了描述机器人末端执行器的位姿，选定参考坐标系 $\{A\}$，可用固连于末端执行器的坐标系 $\{B\}$ 的位姿来表示。坐标系 $\{B\}$ 由原点位置

和 3 个单位矢量唯一确定。

　　1）原点：取末端执行器中心点为原点 O_B。

　　2）Z 轴：设在手指接近物体的方向，即关节轴的方向，称为接近矢量 $\boldsymbol{a}$。

　　3）Y 轴：设在手指连线的方向，称为方位矢量 $\boldsymbol{o}$。

　　4）X 轴：根据右手法则确定，同时垂直于矢量 $\boldsymbol{a}$、$\boldsymbol{o}$，以 $\boldsymbol{n}$ 表示，称为法向矢量，即 $\boldsymbol{n}=\boldsymbol{o}\times\boldsymbol{a}$。

　　末端执行器的位置矢量为从固定参考坐标系 $OXYZ$ 原点指向末端执行器坐标系 {B} 原点的矢量 $\boldsymbol{p}$，末端执行器的方向矢量为 $\boldsymbol{n}$、$\boldsymbol{o}$、$\boldsymbol{a}$。末端执行器的 4×4 位姿矩阵为

$$T=\begin{pmatrix}\boldsymbol{n}&\boldsymbol{o}&\boldsymbol{a}&\boldsymbol{p}\end{pmatrix}=\begin{pmatrix}n_x&o_x&a_x&p_x\\n_y&o_y&a_y&p_{0y}\\n_z&o_z&a_z&p_z\\0&0&0&1\end{pmatrix}=\begin{pmatrix}\boldsymbol{R}_{3\times3}&\boldsymbol{P}_{3\times1}\\0&1\end{pmatrix} \tag{3-11}$$

式中，$\boldsymbol{R}_{3\times3}$ 表示机器人的姿态；$\boldsymbol{P}_{3\times1}$ 代表末端执行器的位置。因此，齐次矩阵 $\boldsymbol{T}$ 描述了机器人的位姿（即位置和姿态）。

3.1.2 齐次变换

　　在工业机器人中，连杆的运动包括平移运动、旋转运动和复合（平移加旋转）运动。我们把每次简单的运动用一个变换矩阵来表示，因此多次运动即可用多个变换矩阵的积来表示，表示这个积的矩阵称为齐次变换矩阵。因此，用连杆的初始位姿矩阵乘以齐次变换矩阵，即可得到经过多次变换后该连杆的最终位姿矩阵。通过多个连杆位姿的传递，可以得到机器人末端执行器的位姿，即进行机器人正运动学分析。

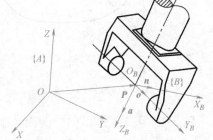

图 3-4　机器人末端执行器的位姿

　　点在空间直角坐标系的平移变换如图 3-5 所示。已知空间某一点 A（x，y，z），在直角坐标系中平移至点 A'（x'，y'，z'），则有

$$\begin{cases}x'=x+\Delta x\\y'=y+\Delta y\\z'=z+\Delta z\end{cases} \tag{3-12}$$

或写成

$$\begin{pmatrix}x'\\y'\\z'\\1\end{pmatrix}=\begin{pmatrix}1&0&0&\Delta x\\0&1&0&\Delta y\\0&0&1&\Delta z\\0&0&0&1\end{pmatrix}\begin{pmatrix}x\\y\\z\\1\end{pmatrix} \tag{3-13}$$

可简记为

$$\boldsymbol{a}'=\mathrm{Trans}(\Delta x,\Delta y,\Delta z)\boldsymbol{a} \tag{3-14}$$

式中，Trans（Δx，Δy，Δz）称为齐次坐标变换的平移算子，Δx、Δy、Δz 分别表示沿 X、Y、Z 轴的移动量，即

$$\text{Trans}(\Delta x,\Delta y,\Delta z)=\begin{pmatrix}1&0&0&\Delta x\\0&1&0&\Delta y\\0&0&1&\Delta z\\0&0&0&1\end{pmatrix}\qquad(3\text{-}15)$$

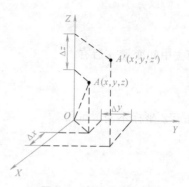

① 若算子左乘，表示点的平移是相对固定坐标系进行的坐标变换。

② 若算子右乘，表示点的平移是相对动坐标系进行的坐标变换。

③ 该公式亦适用于坐标系的平移变换、物体的平移变换，如机器人末端执行器的平移变换。

图 3-5　点的平移变换

点在空间直角坐标系中的旋转变换如图 3-6 所示。点 A（x，y，z）绕 Z 轴旋转 θ 角后至点 A'（x'，y'，z'），A 与 A' 之间的关系为

$$\begin{cases}x'=x\cos\theta-y\sin\theta\\y'=x\sin\theta+y\cos\theta\\z'=z\end{cases}\qquad(3\text{-}16)$$

写成矩阵的形式为

$$\begin{pmatrix}x'\\y'\\z'\\1\end{pmatrix}=\begin{pmatrix}\cos\theta&-\sin\theta&0&0\\\sin\theta&\cos\theta&0&0\\0&0&1&0\\0&0&0&1\end{pmatrix}\begin{pmatrix}x\\y\\z\\1\end{pmatrix}\qquad(3\text{-}17)$$

可简记为

$$a'=\text{Rot}(z,\theta)a\qquad(3\text{-}18)$$

式中，$\text{Rot}(z,\theta)$ 表示绕 Z 轴的旋转算子，左乘是相对于固定坐标系进行的坐标变换。绕 Z 轴的旋转算子为

$$\text{Rot}(z,\theta)=\begin{pmatrix}\cos\theta&-\sin\theta&0&0\\\sin\theta&\cos\theta&0&0\\0&0&1&0\\0&0&0&1\end{pmatrix}\qquad(3\text{-}19)$$

因 A 点是绕 Z 轴旋转的，所以把 A 与 A' 投影到 XOY 平面内，投影半径为 r，令 OA 投影后与 X 轴的夹角为 α，则有

$$\begin{cases}x=r\cos\alpha\\y=r\sin\alpha\end{cases}$$

同时有

$$\begin{cases}x'=r\cos(\alpha+\theta)\\y'=r\sin(\alpha+\theta)\end{cases}$$

整理得

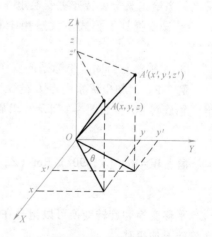

图 3-6　点的旋转变换

$$\begin{cases} x'=r\cos\alpha\cos\theta-r\sin\alpha\sin\theta \\ y'=r\sin\alpha\cos\theta+r\cos\alpha\sin\theta \end{cases}$$

消去中间变量 α 后有

$$\begin{cases} x'=x\cos\theta-y\sin\theta \\ y'=y\cos\theta+x\sin\theta \end{cases}$$

由于 Z 坐标不变，可得

$$\begin{cases} x'=x\cos\theta-y\sin\theta \\ y'=x\sin\theta+y\cos\theta \\ z'=z \end{cases}$$

同理，可写出绕 X 轴的旋转算子和绕 Y 轴的旋转算子分别为

$$\mathrm{Rot}(x,\theta)=\begin{pmatrix} 1 & 0 & 0 & 0 \\ 0 & \cos\theta & -\sin\theta & 0 \\ 0 & \sin\theta & \cos\theta & 0 \\ 0 & 0 & 0 & 1 \end{pmatrix} \tag{3-20}$$

$$\mathrm{Rot}(y,\theta)=\begin{pmatrix} \cos\theta & 0 & \sin\theta & 0 \\ 0 & 1 & 0 & 0 \\ -\sin\theta & 0 & \cos\theta & 0 \\ 0 & 0 & 0 & 1 \end{pmatrix} \tag{3-21}$$

图 3-7 所示为点 A 绕任意过原点的单位矢量 k 旋转 θ 角的情况。k_x、k_y、k_z 分别为矢量 k 在固定参考坐标轴 X、Y、Z 上的三个分量，且 $k_x^2+k_y^2+k_z^2=1$。可以证明，其旋转齐次变换矩阵为

$$\mathrm{Rot}(k,\theta)=\begin{pmatrix} k_xk_x(1-\cos\theta)+\cos\theta & k_yk_x(1-\cos\theta)-k_z\sin\theta & k_zk_x(1-\cos\theta)+k_y\sin\theta & 0 \\ k_xk_y(1-\cos\theta)+k_x\sin\theta & k_yk_y(1-\cos\theta)+\cos\theta & k_zk_y(1-\cos\theta)-k_x\sin\theta & 0 \\ k_xk_z(1-\cos\theta)-k_y\sin\theta & k_yk_z(1-\cos\theta)+k_x\sin\theta & k_zk_z(1-\cos\theta)+\cos\theta & 0 \\ 0 & 0 & 0 & 1 \end{pmatrix} \tag{3-22}$$

① 式（3-22）为一般旋转齐次变换通式，概括了绕 X、Y、Z 轴进行旋转变换的情况；反之，当给出某个旋转齐次变换矩阵时，可求得 k 及转角 θ。

② 该变换算子公式不仅适用于点的旋转变换，也适用于矢量、坐标系、物体的旋转变换。

③ 左乘是相对固定坐标系的变换，右乘是相对动坐标系的变换。

例 3-2 已知坐标系中点 U 的位置矢量 $U=(7\ 3\ 2\ 1)^\mathrm{T}$，将此点绕 Z 轴旋转 $90°$，再绕 Y 轴旋转 $90°$，如图 3-8 所示。求旋转变换后所得的点 W。

解： $W=\mathrm{Rot}(Y,90°)\,\mathrm{Rot}(Z,90°)\,U=\begin{pmatrix} 0 & 0 & 1 & 0 \\ 0 & 1 & 0 & 0 \\ -1 & 0 & 0 & 0 \\ 0 & 0 & 0 & 1 \end{pmatrix}\begin{pmatrix} 0 & -1 & 0 & 0 \\ 1 & 0 & 0 & 0 \\ 0 & 0 & 1 & 0 \\ 0 & 0 & 0 & 1 \end{pmatrix}\begin{pmatrix} 7 \\ 3 \\ 2 \\ 1 \end{pmatrix}=\begin{pmatrix} 2 \\ 7 \\ 3 \\ 1 \end{pmatrix}$

平移变换和旋转变换可以组合在一起，计算时只要用旋转算子乘上平移算子就可以实现在旋转上加平移。

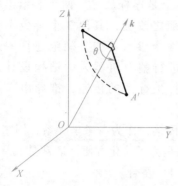

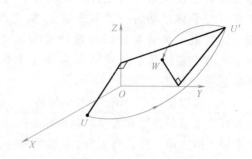

图 3-7 点的一般旋转变换　　　　图 3-8 两次旋转变换

3.1.3 工业机器人的连杆参数及其坐标变换

我们研究机器人的各杆件尺寸、运动副类型、杆件相互关系（包括位移关系、速度关系和加速度关系）等，首先要建立相邻连杆之间的相互关系，即要建立连杆坐标系。

如图 3-9 所示，连杆 n 两端有关节 n 和 $n+1$。描述该连杆的两个几何参数为连杆长度和扭角。假设连杆两端的关节分别有其各自的关节轴线，通常情况下这两条轴线是空间异面直线。那么，这两条异面直线的公垂线的长度 a_n 即为连杆长度，这两条异面直线间的夹角 α_n 即为连杆扭角。假设连杆两端的关节轴线平行，此时连杆为平面结构，扭角 $\alpha_n = 0°$。

再考虑连杆 n 与相邻连杆 $n-1$ 的关系，可由连杆转角和连杆距离描述，如图 3-10 所示。关节 n 的轴线有两条公垂线，两条公垂线间的距离 d_n 即为连杆距离；垂直于关节 n 轴线的平面内两个公垂线的夹角 θ_n 即为连杆转角。假设连杆 n 与相邻连杆 $n-1$ 的轴线都平行，此时机器人的关节做平面运动，连杆距离 $d_n = 0$。

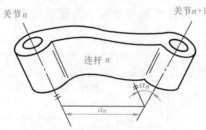

图 3-9 连杆的几何参数

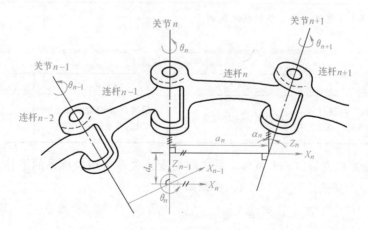

图 3-10 连杆的关系参数

这样，每个连杆可以由 4 个参数来描述，其中两个是连杆尺寸，两个表示连杆与相邻连杆的连接关系。当连杆 n 旋转时，关节变量 θ_n 随之改变，其他 3 个参数不变；当连杆进行平移运动时，关节变量 d_n 随之改变，其他 3 个参数不变。确定连杆的运动类型，同时根据关节变量即可设计关节运动副，从而进行整个机器人的结构设计。已知各个关节变量的值，便可从基座固定坐标系通过连杆坐标系的传递，推导出末端执行器坐标系的位姿。

一般选取坐标系 {0} 为基坐标系，与机器人基座固接，作为参考坐标系，用来描述其他连杆坐标系的位置和方位。基坐标系可任意规定，但是为了简化方便，通常是选择 z 轴沿关节轴 1 的方向，并且当关节 1 变量为零时，{0} 与 {1} 重合。

末端连杆（连杆 n）坐标系 {n} 的规定与基坐标系相似。对于旋转关节 n，选取 X_n，当 $\theta_n = 0$ 时，X_n 与 X_{n-1} 重合。坐标系 {n} 的原点选择使 $d_n = 0$。对于移动关节 n，坐标系 {n} 的选取使 $\theta_n = 0$，且当 $d_n = 0$ 时，X_n 与 X_{n-1} 重合。

建立连杆坐标系 {n} 的规则如下：

1）连杆 n 坐标系的坐标原点位于 $n+1$ 关节轴线上，是关节 $n+1$ 的关节轴线与 n 和 $n+1$ 关节轴线公垂线的交点。

2）Z 轴与 $n+1$ 关节轴线重合。

3）X 轴与公垂线重合，从 n 指向 $n+1$ 关节。

4）Y 轴按右手法则确定。

连杆参数与坐标系的建立见表 3-1。

表 3-1 连杆的参数及坐标系

名称		含义	"±"号	性质
θ_n	转角	连杆 n 绕关节 n 的 Z_{n-1} 轴的转角	右手法则	转动关节为变量,移动关节为常量
d_n	距离	连杆 n 沿关节 n 的 Z_{n-1} 轴的位移	沿 Z_{n-1} 正向为+	转动关节为常量,移动关节为变量
a_n	长度	沿 X_n 方向上连杆 n 的长度	与 X_n 正向一致	尺寸参数,常量
α_n	扭角	连杆 n 两关节轴线之间的扭角	右手法则	尺寸参数,常量

连杆 n 的坐标系 $O_n Z_n X_n Y_n$			
原点 O_n	轴 Z_n	轴 X_n	轴 Y_n
位于关节 $n+1$ 轴线与连杆 n 两关节轴线的公垂线的交点处	与关节 $n+1$ 轴线重合	沿连杆 n 两关节轴线的公垂线,并指向 $n+1$ 关节	按右手法则确定

各连杆坐标系建立后，$n-1$ 系与 n 系之间的变换关系可用坐标系的平移、旋转来实现。从 $n-1$ 系到 n 系的变换矩阵记为 $_n^{n-1}A$，步骤如下：

1）令 {$n-1$} 系绕 Z_{n-1} 轴旋转 θ_n 角，使 X_{n-1} 轴与 X_n 轴方向一致，算子为 Rot(Z_{n-1}, θ_n)。

2）沿 Z_{n-1} 轴移动 d_n，使 X_{n-1} 轴与 X_n 轴重合，算子为 Trans$(0, 0, d_n)$。

3）沿 X_n 轴移动 a_n，使 $n-1$ 系与 n 系坐标原点重合，算子为 $\text{Trans}(a_n, 0, 0)$。

4）绕 X_n 轴旋转 α_n 角，使 $n-1$ 系与 n 系重合，算子为 $\text{Rot}(X_n, \alpha_n)$。

因为这些变换是相对于动坐标系描述的，按照"从左到右"的原则，该变换过程用一个总的变换矩阵 ${}^{n-1}_n A$ 来表示连杆 n 的齐次变换矩阵，即

$$
{}^{n-1}_n A = \text{Rot}(z_{n-1}, \theta_n)\,\text{Trans}(0,0,d_n)\,\text{Trans}(a_n,0,0)\,\text{Rot}(x_n,\alpha_n)
$$

$$
= \begin{pmatrix} \cos\theta_n & -\sin\theta_n & 0 & 0 \\ \sin\theta_n & \cos\theta_n & 0 & 0 \\ 0 & 0 & 1 & 0 \\ 0 & 0 & 0 & 1 \end{pmatrix} \begin{pmatrix} 1 & 0 & 0 & 0 \\ 0 & 1 & 0 & 0 \\ 0 & 0 & 1 & d_n \\ 0 & 0 & 0 & 1 \end{pmatrix} \begin{pmatrix} 1 & 0 & 0 & a_n \\ 0 & 1 & 0 & 0 \\ 0 & 0 & 1 & 0 \\ 0 & 0 & 0 & 1 \end{pmatrix} \begin{pmatrix} 1 & 0 & 0 & 0 \\ 0 & \cos\alpha_n & -\sin\alpha_n & 0 \\ 0 & \sin\alpha_n & \cos\alpha_n & 0 \\ 0 & 0 & 0 & 1 \end{pmatrix}
$$

$$
= \begin{pmatrix} \cos\theta_n & -\sin\theta_n\cos\alpha_n & \sin\theta_n\sin\alpha_n & a_n\cos\theta_n \\ \sin\theta_n & \cos\theta_n\cos\alpha_n & -\cos\theta_n\sin\alpha_n & a_n\sin\theta_n \\ 0 & \sin\alpha_n & \cos\alpha_n & d_n \\ 0 & 0 & 0 & 1 \end{pmatrix} \tag{3-23}
$$

实际中，多数机器人的连杆参数取特殊值，如 $\alpha_n = 0$ 或 $d_n = 0$，可以使计算简单且控制方便。

3.1.4　工业机器人的运动学方程

1. 运动学方程

我们将为机器人的每一个连杆建立一个坐标系，并用齐次变换来描述这些坐标系间的相对关系。通常把描述一个连杆坐标系与下一个连杆坐标系间相对关系的齐次变换矩阵称为 A_i 变换矩阵，简称 A_i 矩阵。如果 A_1 矩阵表示第 1 个连杆坐标系相对固定坐标系的位姿，A_2 矩阵表示第 2 个连杆坐标系相对第 1 个连杆坐标系的位姿，A_i 矩阵表示第 i 个连杆相对于第 $i-1$ 个连杆的位姿，那么第 2 个连杆坐标系在固定坐标系中的位姿可用 A_1 和 A_2 的积来表示，即

$$
T_2 = A_1 A_2 \tag{3-24}
$$

同理，若 A_3 矩阵表示第 3 个连杆坐标系相对于第 2 个连杆坐标系的位姿，则有

$$
T_3 = A_1 A_2 A_3 \tag{3-25}
$$

依此类推，对于 6 连杆机器人，有 T_6 矩阵为

$$
T_6 = A_1 A_2 A_3 A_4 A_5 A_6 \tag{3-26}
$$

式（3-26）称为机器人运动学方程。等式右边为从固定参考系到末端执行器坐标系的各连杆坐标系之间变换矩阵的连乘，等式左边 T_6 表示这些矩阵的积，即机器人末端执行器坐标系相对于固定参考系的位姿。分析该矩阵可知，前 3 列表示末端执行器的姿态，第 4 列表示末端执行器中心点的位置，可写成如下形式

$$
T_6 = \begin{pmatrix} {}^0_6 R & {}^0_6 P \\ 0 & 1 \end{pmatrix} = \begin{pmatrix} n_x & o_x & a_x & p_x \\ n_y & o_y & a_y & p_y \\ n_z & o_z & a_z & p_z \\ 0 & 0 & 0 & 1 \end{pmatrix} \tag{3-27}
$$

2. 正运动学实例分析

正向运动学主要解决机器人运动学方程的建立及末端执行器位姿的求解，即已知各个关节的变量，求末端执行器的位姿。

（1）平面关节型机器人的运动学方程　SCARA 装配机器人的坐标系如图 3-11 所示。该机器人具有一个肩关节、一个肘关节和一个腕关节，且 3 个关节的轴线是相互平行的，$\{0\}$ 系、$\{1\}$ 系、$\{2\}$ 系、$\{3\}$ 系分别表示固定坐标系、连杆 1 的动坐标系、连杆 2 的动坐标系和连杆 3 的动坐标系，分别位于关节 1、关节 2、关节 3 和末端执行器中心。坐标系 3 即为末端执行器坐标系。连杆运动为旋转运动，连杆参数 θ_n 为变量，其余参数均为常量。该机器人的参数见表 3-2。

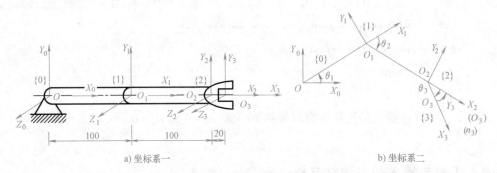

a) 坐标系一　　　　　　　　　　　　b) 坐标系二

图 3-11　SCARA 装配机器人的坐标系

表 3-2　SCARA 机器人的连杆参数

连杆	转角(变量)θ	两连杆间距离 d	连杆长度 a	连杆扭角 α
连杆 1	θ_1	$d_1 = 0$	$a_1 = l_1 = 100$	$\alpha_1 = 0°$
连杆 2	θ_2	$d_2 = 0$	$a_2 = l_2 = 100$	$\alpha_2 = 0°$
连杆 3	θ_3	$d_3 = 0$	$a_3 = l_3 = 20$	$\alpha_3 = 0°$

该平面关节型机器人的运动学方程为

$$T_3 = A_1 A_2 A_3 \tag{3-28}$$

式中，A_1 是连杆 1 的坐标系相对于固定坐标系的齐次变换矩阵；A_2 是连杆 2 的坐标系相对于连杆 1 坐标系的齐次变换矩阵；A_3 是末端执行器坐标系相对于连杆 2 坐标系的齐次变换矩阵。

$$A_1 = \text{Rot}\ (z_0,\ \theta_1)\ \text{Trans}\ (l_1,\ 0,\ 0)$$
$$A_2 = \text{Rot}\ (z_1,\ \theta_2)\ \text{Trans}\ (l_2,\ 0,\ 0)$$
$$A_3 = \text{Rot}\ (z_2,\ \theta_3)\ \text{Trans}\ (l_3,\ 0,\ 0)$$

因此可以得到

$$T_3 = \begin{pmatrix} \cos(\theta_1+\theta_2+\theta_3) & -\sin(\theta_1+\theta_2+\theta_3) & 0 & l_3\cos(\theta_1+\theta_2+\theta_3)+l_2\cos(\theta_1+\theta_2)+l_1\cos\theta_1 \\ \sin(\theta_1+\theta_2+\theta_3) & \cos(\theta_1+\theta_2+\theta_3) & 0 & l_3\sin(\theta_1+\theta_2+\theta_3)+l_2\sin(\theta_1+\theta_2)+l_1\sin\theta_1 \\ 0 & 0 & 1 & 0 \\ 0 & 0 & 0 & 1 \end{pmatrix}$$

T_3 为末端执行器坐标系（即末端执行器）的位姿，由于其可写成 4×4 的矩阵，即可得

到向量 $\boldsymbol{p}$、$\boldsymbol{n}$、$\boldsymbol{o}$、$\boldsymbol{a}$，把 θ_1、θ_2、θ_3 代入即可。

例 3-3　如图 3-11b 所示，当转角变量分别为 $\theta_1 = 30°$，$\theta_2 = -60°$，$\theta_3 = -30°$ 时，根据平面型机器人的运动学方程求出运动学正解。

解　末端执行器的位姿矩阵为

$$
\boldsymbol{T}_3 = \begin{pmatrix}
0.5 & 0.866 & 0 & 183.2 \\
-0.866 & 0.5 & 0 & -17.32 \\
0 & 0 & 1 & 0 \\
0 & 0 & 0 & 1
\end{pmatrix}
$$

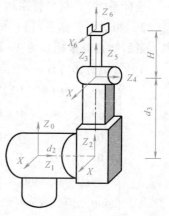

（2）斯坦福（STANFORD）机器人的运动学方程　图 3-12 所示为斯坦福机器人各连杆的坐标系。表 3-3 给出了斯坦福机器人各连杆的参数。现在根据各连杆坐标系的关系写出齐次变换矩阵 $\boldsymbol{A}_i$。

图 3-12　斯坦福机器人各连杆的坐标系

表 3-3　斯坦福机器人的连杆参数

杆号	关节转角 θ	两连杆距离 d	连杆长度 a	连杆扭角 α
连杆 1	θ_1	0	0	$-90°$
连杆 2	θ_2	d_2	0	$90°$
连杆 3	0	d_3	0	$0°$
连杆 4	θ_4	0	0	$-90°$
连杆 5	θ_5	0	0	$90°$
连杆 6	θ_6	H	0	$0°$

坐标系 {1} 与坐标系 {0} 是旋转关节连接，如图 3-13a 所示。坐标系 {1} 相对于固定坐标系 {0} 的 Z_0 轴旋转 θ_1 角，然后绕自身坐标系 X_1 轴旋转 α_1 角，且 $\alpha_1 = -90°$。因此有

$$
\begin{aligned}
\boldsymbol{A}_1 &= \mathrm{Rot}(z_0, \theta_1)\,\mathrm{Rot}(x_1, \alpha_1) \\
&= \begin{pmatrix}
\cos\theta_1 & -\sin\theta_1 & 0 & 0 \\
\sin\theta_1 & \cos\theta_1 & 0 & 0 \\
0 & 0 & 1 & 0 \\
0 & 0 & 0 & 1
\end{pmatrix}
\begin{pmatrix}
1 & 0 & 0 & 0 \\
0 & 0 & 1 & 0 \\
0 & -1 & 0 & 0 \\
0 & 0 & 0 & 1
\end{pmatrix}
= \begin{pmatrix}
\cos\theta_1 & 0 & -\sin\theta_1 & 0 \\
\sin\theta_1 & 0 & \cos\theta_1 & 0 \\
0 & -1 & 0 & 0 \\
0 & 0 & 0 & 1
\end{pmatrix}
\end{aligned}
$$

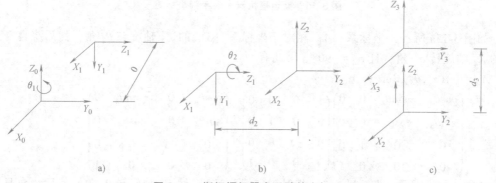

a)　　　　　　　　　　b)　　　　　　　　　　c)

图 3-13　斯坦福机器人手臂的坐标系

坐标系 {2} 与坐标系 {1} 是旋转关节连接，连杆距离为 d_2，如图 3-13b 所示。坐标系 {2} 相对于坐标系 {1} 的 Z_1 轴旋转 θ_2 角，然后沿坐标系 {1} 的 Z_1 轴正向移动 d_2 距离，最后绕自身坐标系的 X_2 轴旋转 α_2 角，且 $\alpha_2 = 90°$。因此有

$$A_2 = \mathrm{Rot}(z_1,\theta_2)\,\mathrm{Trans}(0,0,d_2)\,\mathrm{Rot}(x_2,\alpha_2)$$

$$= \begin{pmatrix} \cos\theta_2 & -\sin\theta_2 & 0 & 0 \\ \sin\theta_2 & \cos\theta_2 & 0 & 0 \\ 0 & 0 & 1 & 0 \\ 0 & 0 & 0 & 1 \end{pmatrix} \begin{pmatrix} 1 & 0 & 0 & 0 \\ 0 & 1 & 0 & 0 \\ 0 & 0 & 1 & d_2 \\ 0 & 0 & 0 & 1 \end{pmatrix} \begin{pmatrix} 1 & 0 & 0 & 0 \\ 0 & 0 & -1 & 0 \\ 0 & 1 & 0 & 0 \\ 0 & 0 & 0 & 1 \end{pmatrix}$$

$$= \begin{pmatrix} \cos\theta_2 & 0 & \sin\theta_2 & 0 \\ \sin\theta_2 & 0 & -\cos\theta_2 & 0 \\ 0 & 1 & 0 & d_2 \\ 0 & 0 & 0 & 1 \end{pmatrix}$$

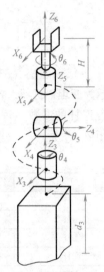

坐标系 {3} 与坐标系 {2} 是移动关节连接，如图 3-13c 所示。坐标系 {3} 沿坐标系 {2} 的 Z_2 轴平移 d_3 距离。因此有

$$A_3 = \mathrm{Trans}(0,0,d_3) = \begin{pmatrix} 1 & 0 & 0 & 0 \\ 0 & 1 & 0 & 0 \\ 0 & 0 & 1 & d_3 \\ 0 & 0 & 0 & 1 \end{pmatrix}$$

图 3-14 是斯坦福机器人手腕三个关节的示意图，它们都是转动关节，关节变量为 θ_4、θ_5、θ_6，并且三个关节的中心重合。

图 3-14 斯坦福机器人的手腕关节

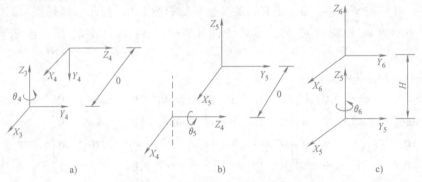

a)   b)   c)

图 3-15 斯坦福机器人的手腕坐标系

如图 3-15a 所示，坐标系 {4} 相对于坐标系 {3} 的 Z_3 轴旋转 θ_4 角，然后绕自身坐标系的 X_4 轴旋转 α_4 角，且 $\alpha_4 = -90°$。因此有

$$A_4 = \mathrm{Rot}(z_3,\theta_4)\,\mathrm{Rot}(x_4,\alpha_4)$$

$$= \begin{pmatrix} \cos\theta_4 & -\sin\theta_4 & 0 & 0 \\ \sin\theta_4 & \cos\theta_4 & 0 & 0 \\ 0 & 0 & 1 & 0 \\ 0 & 0 & 0 & 1 \end{pmatrix} \begin{pmatrix} 1 & 0 & 0 & 0 \\ 0 & 0 & 1 & 0 \\ 0 & -1 & 0 & 0 \\ 0 & 0 & 0 & 1 \end{pmatrix} = \begin{pmatrix} \cos\theta_4 & 0 & -\sin\theta_4 & 0 \\ \sin\theta_4 & 0 & \cos\theta_4 & 0 \\ 0 & -1 & 0 & 0 \\ 0 & 0 & 0 & 1 \end{pmatrix}$$

如图 3-15b 所示，坐标系 {5} 相对于坐标系 {4} 的 Z_4 轴旋转 θ_5 角，然后绕自身坐标

系的 X_5 轴旋转 α_5 角，且 $\alpha_5 = 90°$。因此有

$$A_5 = \text{Rot}(z_4, \theta_5)\,\text{Rot}(x_5, \alpha_5)$$

$$= \begin{pmatrix} \cos\theta_5 & -\sin\theta_5 & 0 & 0 \\ \sin\theta_5 & \cos\theta_5 & 0 & 0 \\ 0 & 0 & 1 & 0 \\ 0 & 0 & 0 & 1 \end{pmatrix} \begin{pmatrix} 1 & 0 & 0 & 0 \\ 0 & 0 & -1 & 0 \\ 0 & 1 & 0 & 0 \\ 0 & 0 & 0 & 1 \end{pmatrix} = \begin{pmatrix} \cos\theta_5 & 0 & \sin\theta_5 & 0 \\ \sin\theta_5 & 0 & -\cos\theta_5 & 0 \\ 0 & 1 & 0 & 0 \\ 0 & 0 & 0 & 1 \end{pmatrix}$$

如图 3-15c 所示，坐标系 {6} 相对于坐标系 {5} 的 Z_5 轴旋转 θ_6 角，并沿 Z_5 轴移动距离 H。因此有

$$A_5 = \text{Rot}(z_5, \theta_6)\,\text{Trans}(0,0,H) = \begin{pmatrix} \cos\theta_6 & -\sin\theta_6 & 0 & 0 \\ \sin\theta_6 & \cos\theta_6 & 0 & 0 \\ 0 & 0 & 1 & H \\ 0 & 0 & 0 & 1 \end{pmatrix}$$

综上分析，所有杆的 A_i 矩阵已建立。如果要知道非相邻杆件间的关系，就用相应的 A_i 矩阵连乘即可，例如

$$^4T_6 = A_5 A_6 = \begin{pmatrix} \cos\theta_5\cos\theta_6 & -\cos\theta_5\sin\theta_6 & \sin\theta_5 & H\sin\theta_5 \\ \sin\theta_5\cos\theta_6 & \sin\theta_5\sin\theta_6 & -\cos\theta_5 & H\cos\theta_5 \\ \sin\theta_6 & \cos\theta_6 & 1 & 0 \\ 0 & 0 & 0 & 1 \end{pmatrix}$$

$$^3T_6 = A_4 A_5 A_6$$

$$^2T_6 = A_3 A_4 A_5 A_6$$

$$^1T_6 = A_2 A_3 A_4 A_5 A_6$$

则斯坦福机器人的运动学方程为

$$^0T_6 = A_1 A_2 A_3 A_4 A_5 A_6 \tag{3-29}$$

方程 $^0T_6$ 右边的结果就是最后一个坐标系 {6} 的位姿矩阵，各元素均为 θ_i 和 d 的函数。当 θ_i 和 d 给出后，可以计算出斯坦福机器人末端执行器坐标系 {6} 的位置向量 p 和姿态向量 n、o、a。这就是斯坦福机器人末端执行器位姿的解，这个求解过程称为斯坦福机器人的正运动学分析。

3. 逆运动学实例分析

反向运动学解决的问题是：已知末端执行器位姿各矢量 n、o、a 和 p，求各个关节的变量 θ_i 和 d。在机器人的控制中，往往已知末端执行器到达的目标位姿，需要求出关节变量，以驱动各关节的电动机，使末端执行器的位姿得到满足，这就是运动学的反向问题，也称为逆运动学。

机器人运动学逆解问题的求解存在如下三个问题：

1）解可能不存在。机器人具有一定的工作域，假如给定末端执行器位置在工作域之外，则解不存在。图 3-16 所示的 3 自由度平面关节型机械手，假如给定末端执行器位置矢量 (x, y) 位于外半径为 $l_1 + l_2$ 与内半径为 $|l_1 + l_2|$ 的圆环之外，则无法求出逆解 θ_1 及 θ_2，即该逆解不存在。

2）解的多重性。机器人的逆运动学问题可能出现多解。图 3-17a 所示是一个 2 自由度

平面关节型机械手出现两个逆解的情况。对于给定的在机器人工作域内的末端执行器位置 $A(z, y)$，可以得到两个逆解 θ_1、θ_2 及 θ_1'、θ_2'。从图 3-17a 可知，末端执行器是不能以任意方向到达目标点 A 的。增加一个手腕关节自由度，如图 3-17b 所示，3 自由度平面关节机械手即可实现末端执行器以任意方向到达目标点 A。

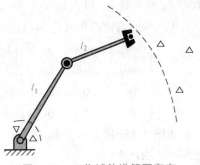

图 3-16　工作域外逆解不存在

在多解情况下，一定有一个最接近解，即最接近起始点的解。如图 3-18a 所示，3R 机械手的末端执行器从起始点 A 运动到目标点 B，实线所表示的解为最接近解，是一个"最短行程"的优化解。如图 3-18b 所示，在有障碍存在的情况下，上述的最接近解会引起碰撞，只能采用另一解，如图 3-18b 中实线所示。尽管大臂、小臂将经过"遥远"的行程，为了避免碰撞也只能用这个解，这就是解的多重性带来的好处（可供选择）。

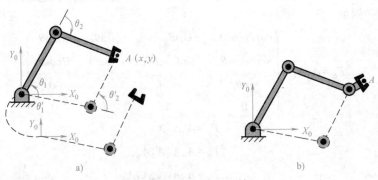

a)　　　　　　　　　　　　　b)

图 3-17　逆解的多重性

关于解的多重性的另一实例如图 3-19 所示。PUMA560 机器人实现同一目标位置和姿态有四种形位（即四种解），腕部的"翻转"又可能得出两种解，其排列组合共可能有 8 种解。

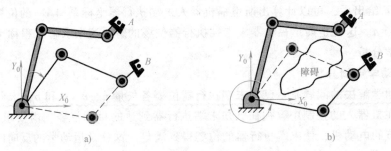

a)　　　　　　　　　　　　　b)

图 3-18　避免碰撞的一个可能实现的解

3）求解方法的多样性。机器人逆运动学求解有多种方法，一般分为封闭解和数值解两类。不同学者对同一机器人的运动学逆解也提出不同的解法。应该从计算方法的计算效率、计算精度等要求出发，选择较好的解法。

所以，应该根据具体情况，在避免碰撞的前提下，按"最短行程"的原则来择优，使每个关节的移动量最小。又由于工业机器人连杆的尺寸大小不同，因此应遵循"多移动小

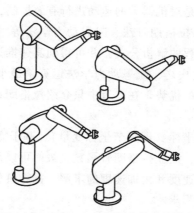

图 3-19　PUMA560 机器人的四个逆解

关节，少移动大关节"的原则。

3.2　工业机器人动力学

本节导入

　　机器人是一个复杂的动力学系统，在关节驱动力矩（或力）的作用下产生运动变化，这就要求机器人各关节必须要有足够大的力矩（或力）来驱动，使其达到期望的速度和加速度，否则，机器人无法完成运动和精确定位。因此，机器人动力学研究也包含两类问题：一类是机器人各关节的作用力矩（或力）已知时，求解机器人各关节的位移、速度和加速度（即运动轨迹），即正动力学问题分析；另一类是已知机器人各关节的位移、速度和加速度，求解所需要的关节驱动力矩（或力），即逆动力学问题分析。因为动力学问题求解比较困难且需要较长时间的运算，在此我们只对逆动力学进行详细分析。

　　要了解机器人动力学，也就是了解决定机器人动态特性的运动方程式，即机器人的动力学方程。它表示机器人各关节的关节变量对时间的一阶导数、二阶导数以及各执行器驱动力或力矩之间的关系，是机器人机械系统的运动方程。因此，机器人动力学就是研究机器人运动数学方程的建立，其实际动力学模型可以根据已知的物理定律（如牛顿或拉格朗日力学定律）求得。

本节思维导图

　　机器人运动方程的求解可分为两种不同性质的问题：

　　1）正动力学问题。机器人各执行器的驱动力或力矩为已知，求解机器人关节变量在关节变量空间的轨迹或末端执行器在笛卡儿空间的轨迹，这称为机器人动力学方程的正面求解，简称为正动力学问题。

　　2）逆动力学问题。机器人在关节变量空间的轨迹已确定，或末端执行器在笛卡儿空间的轨迹已确定（轨迹已被规划），求解机器人各执行器的驱动力或力矩，这称为机器人动力学方程的反面求解，简称为逆动力学问题。

　　不管是哪一种动力学问题都要研究机器人动力学的数学模型，区别在于问题的解法。人们研究动力学的重要目的之一是对机器人的运动进行有效控制，以实现预期的运动轨迹。常用的求解方法有牛顿-欧拉法、拉格朗日法、凯恩动力学法等。拉格朗日法是引入拉格朗日方程直接获得机器人动力学方程的解析公式，并可得到其递推计算方法。一般来说，拉格朗日法运算量最大，牛顿-欧拉法次之，凯恩动力学法运算量最小、效率最高，在处理闭链机构的机器人动力学方面有一定的优势。在本节中只介绍拉格朗日法，其他动力学方法请有兴趣的读者参考有关文献。

拉格朗日法是借助于广义坐标（即关节坐标变量）、基于能量平衡原理的建模方法。该方法通过求系统的动能和势能，建立拉格朗日函数，最终可以得到标准的拉格朗日方程。在求解过程中，避免了运动学加速度和角加速度的求解，推导过程相对简单，大部分机器人动力学问题均可采用拉格朗日方程求解。

3.3 工业机器人的运动轨迹规划

本节导入

本节是在工业机器人运动学和动力学基础上，讨论工业机器人在执行作业任务之前，应该预先在关节空间或者作业空间规定它的操作顺序、行动步骤和作业进程，即对工业机器人进行运动轨迹规划。

一个基本的机器人规划系统能自动生成一系列避免与障碍物发生碰撞的机器人动作轨迹。机器人的运动轨迹规划能力应力争最优，就是依据某个或某些优化准则（如工作代价最小、行走路线最短、行走时间最短等），在其工作空间中找到一条从起始状态到目标状态的能避开障碍物的最优轨迹。

运动轨迹规划可以分为路径规划和轨迹生成两部分。路径规划的目的是找到无干涉并能完成任务的路径点，而轨迹生成是形成一系列运动连续的参考点，以发送到控制器驱动机器人运动。简单来说，路径规划是找到一系列要经过的路径点，这些点只是空间中的一些位置或者关节角度，而轨迹规划则是确定怎么走，走多快，它需要赋予这条路径以时间信息。

3.3.1 路径和轨迹

连接起点位置和终点位置的序列点或曲线称为路径。如图 3-20 所示，如果机器人从 A 点运动到 B 点，再到 C 点，那么这中间的位姿序列就构成了一条路径。一个基本的机器人路径规划系统能自动生成一系列避免与障碍物发生碰撞的机器人运动路径。路径规划是根据作业任务的要求，计算出预期的运动轨迹，不考虑机器人位姿参数随时间变化的因素。路径规划既可在关节空间中进行，也可在直角坐标空间中进行。良好的机器人路径规划技术能够节约人力资源，减少资金投入，为

本节思维导图

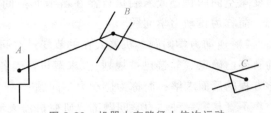

图 3-20　机器人在路径上依次运动

机器人在多种行业中的应用奠定良好的基础。

而轨迹则与何时到达路径中的每个部分有关，强调的是时间。因此，图 3-20 中不论机器人何时到达 B 点和 C 点，其路径是一样的，而轨迹则依赖于速度和加速度，如果机器人抵达 B 点和 C 点的时间不同，则相应的轨迹也不同。我们的研究不仅要涉及机器人的运动路径，而且还要关注其速度和加速度。

3.3.2　轨迹规划

机器人轨迹是指工业机器人在工作过程中的运动轨迹，即运动点的位移、速度和加速度。规划是一种问题求解方法，即从某个特定问题的初始状态出发，构造一系列操作步骤（或算子），以达到解决问题的目标状态。而机器人的轨迹规划是指根据机器人作业任务的要求（作业规划），对机器人末端执行器在工作过程中位姿变化的路径、取向及其变化速度和加速度进行人为设定。在轨迹规划中，需根据机器人所完成的作业任务要求，给定机器人末端执行器的初始状态、目标状态及路径所经过的有限个给定点，对于没有给定的路径区间则必须选择关节插值函数，生成不同的轨迹。

轨迹规划是指根据作业任务要求确定轨迹参数并实时计算和生成运动轨迹。轨迹规划的一般问题有三个：

1）对机器人的任务进行描述，即运动轨迹的描述。

2）根据已经确定的轨迹参数，在计算机上模拟所要求的轨迹。

3）对轨迹进行实际计算，即在运行时间内按一定的速率计算出位置、速度和加速度，从而生成运动轨迹。

轨迹规划既可在关节空间中进行，将所有关节变量表示为时间的函数，用其一阶、二阶导数描述机器人的预期动作，也可在直角坐标空间中进行，将末端执行器位姿参数表示为时间的函数，而相应关节位置、速度和加速度由末端执行器信息导出。

在关节空间中进行轨迹规划，首先需要将每个作业的路径点向关节空间变换，即用逆运动学方法把路径点转换成关节角度值（或称为关节路径点），当对所有作业的路径点都进行这种变换后，便形成了多组关节路径点。然后，为每个关节相应的关节路径点拟合光滑函数，这些关节函数分别描述了机器人各关节从起始点开始，依次通过路径点，最后到达某目标点的运动轨迹。关节空间轨迹规划的原理框图如图 3-21 所示。由于每个关节在相应路径段运行的时间相同，所有关节都将同时到达路径点和目标点，从而保证工具坐标系在各路径点具有预期的位姿。需要注意的是，尽管每个关节在同一段路径上具有相同的运行时间，但各关节函数之间是相互独立的，而实际的机器人在工作时为保证末端执行器的位置精度，要对轨迹进行跟踪控制，关节的轨迹跟踪控制原理框图如图 3-22 所示。

图 3-21　关节空间轨迹规划的原理框图

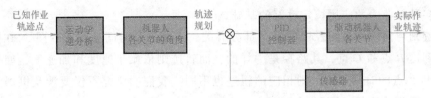

图 3-22　关节的轨迹跟踪控制原理框图

在关节空间进行轨迹规划的规划路径不是唯一的。只要满足路径点上的约束条件，就可以选取不同类型的关节角度函数，生成不同的轨迹。

图 3-23 中为平面两关节机器人，假设末端执行器要在 A、B 两点之间画一条直线。为使机器人从点 A 沿直线运动到点 B，将直线 AB 分成许多小段，并使机器人的运动经过所有的中间点。为了完成该任务，在每一个中间点处都要求解机器人的逆运动学方程，计算出一系列的关节量，然后由控制器驱动关节到达下一目标点。当通过所有的中间目标点时，机器人便到达了所希望到达的点 B。与前面提到的关节空间不同，这里机器人在所有时刻的位姿变化都是已知的，机器人所产生的运动序列首先在作业空间描述，然后转化为在关节空间描述。由此也容易看出，采用作业空间描述时计算量远大于采用关节空间描述，使用该方法能得到一条可控、可预知的路径。

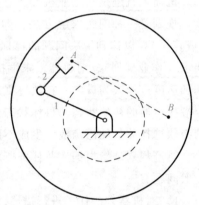

图 3-23　直角坐标空间轨迹规划的问题

作业空间轨迹规划的原理框图如图 3-24 所示，末端轨迹跟踪控制的原理框图如图 3-25 所示。作业空间轨迹规划必须反复求解逆运动方程来计算关节角，也就是说，对于关节空间轨迹规划，规划生成的值就是关节值，而作业空间轨迹规划函数生成的值是机器人末端执行器的位姿，它们需要通过求解逆运动学方程才转化为关节量。因此，进行作业空间轨迹规划时必须反复求解逆运动学方程，以计算关节角。

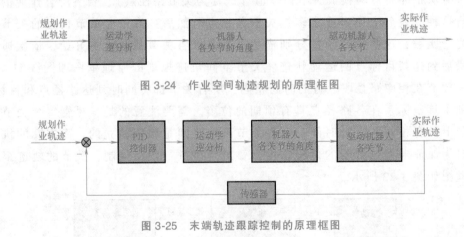

图 3-24　作业空间轨迹规划的原理框图

图 3-25　末端轨迹跟踪控制的原理框图

上述过程可以简化为如下循环：

1）将时间增加一个增量，即 $t=t+\Delta t$。

2）利用所选择的轨迹函数计算出末端执行器的位姿。

3）利用机器人逆运动学方程计算出对应末端执行器位姿的关节变量。

4）将关节信息送给控制器。

5）返回到循环的新的起始点。

在工业应用中，最实用的轨迹是点到点之间的直线运动，但也会碰到多目标点（如中间点）间需要平滑过渡的情况。

3.4 本章小结

本章首先研究了工业机器人的运动学问题。机器人运动学主要研究机器人各个坐标系之间的运动关系，是机器人进行运动控制的基础。运动学部分涉及了点和坐标系的空间描述，然后讲述了运动学中的齐次坐标和齐次变换，并且详细讲解了连杆参数、关节变量、连杆坐标系等内容，引出了工业机器人的运动学理论。最后以工业机器人为例，详细介绍了机器人的正运动学和逆运动学分析过程。在实际的应用中，机器人的运动是复杂的，关系到多个关节。当确定了机器人末端执行器位置后，机器人的每一关节运动的角度都需要计算和分析。在分析机器人的运动时，逆向运动学是最常用的，但是正向运动学是逆向运动学的基础。

动力学研究的是物体的运动和受力之间的关系。工业机器人是一种由多关节和多连杆组成的多自由度操作机，所有杆件和关节的运动，需要足够大的力和力矩来驱动，否则就无法达到期望的速度和加速度，因此需要研究机器人的动力学问题。

最后是工业机器人运动轨迹规划的内容，主要介绍了关节空间轨迹规划和作业空间规划。其中，关节空间轨迹规划仅能保证机器人末端执行器从起始点通过路径点运动至目标点，但不能对末端执行器在作业空间两点之间的实际运动轨迹进行控制。

📖 思维导图

扫码查看本章高清思维导图全图

💬 思考与练习

一、填空题

1. 以机器人关节建立坐标系，可用齐次变换来描述机器人相邻关节坐标系之间的_____和_____。

2. 机器人连杆坐标系中的四个参数分别为连杆长度、扭角、连杆距离和_____。

3. 常用的建立机器人动力学方程的方法有_____和_____。

4. 点矢量为 $\mathbf{v} = (10.00 \quad 20.00 \quad 30.00)^{\mathrm{T}}$，相对参考坐标系做如下齐次变换：$A =$
$$\begin{bmatrix} 0.866 & -0.500 & 0.000 & 11.0 \\ 0.500 & 0.866 & 0.000 & -3.0 \\ 0.000 & 0.000 & 1.000 & 9.0 \\ 0 & 0 & 0 & 1 \end{bmatrix}$$，写出 Rot _____，Trans _____。

5. 机器人轨迹是指工业机器人在工作过程中的运动轨迹，即运动点的 _____ 和 _____。

二、选择题

1. 对于转动关节而言，关节变量是（　　）。

   A. 关节转角　　　　　B. 连杆长度　　　　C. 连杆距离　　　　D. 扭角

2. 对于移动关节而言，关节变量是（　　）。

   A. 关节转角　　　　　B. 连杆长度　　　　C. 连杆距离　　　　D. 扭角

3. 运动学正问题是实现（　　）。

   A. 从关节空间到操作空间的变换　　　　B. 从操作空间到笛卡儿空间的变换

   C. 从笛卡儿空间到关节空间的变换　　　　D. 从操作空间到关节空间的变换

4. 运动学逆问题是实现（　　）。

   A. 从关节空间到操作空间的变换　　　　B. 从操作空间到笛卡儿空间的变换

   C. 从笛卡儿空间到关节空间的变换　　　　D. 从操作空间到任务空间的变换

5. 动力学的研究内容是将机器人的（　　）联系起来。

   A. 运动与控制　　　B. 传感器与控制　　　C. 结构与运动　　　D. 传感器与运动

6. 机器人轨迹控制过程中需要通过求解（　　）获得各个关节角的位置。

   A. 运动学正问题　　　　　　　　　B. 运动学逆问题

   C. 动力学正问题　　　　　　　　　D. 动力学逆问题

7. 为了获得非常平稳的加工过程，希望作业启动时（　　）。

   A. 速度为零，加速度为零　　　　　B. 速度为零，加速度恒定

   C. 速度恒定，加速度为零　　　　　D. 速度恒定，加速度恒定

三、简答题

1. 什么是齐次坐标？它与直角坐标有何区别？

2. 机器人坐标系从 $n-1$ 系到 n 系的变换步骤是什么？

3. 机器人动力学解决什么问题？什么是动力学正问题和逆问题？

4. 轨迹规划的一般问题有哪三个？

四、计算题

1. 有一旋转变换，先绕固定坐标系 Z_0 轴转 $45°$，再绕其 X_0 轴转 $30°$，最后绕 Y_0 轴转 $60°$，试求该齐次坐标变换矩阵。

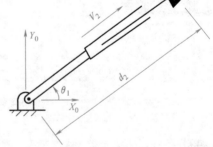

图 3-26　2 自由度平面机械手

2. 图 3-26 所示为 2 自由度平面机械手，关节 1 为转动关节，关节变量为 θ_1，关节 2 为移动关节，关节变量为 d_2。

（1）建立关节坐标系，并写出该机械手的运动学方程。

（2）按下列关节变量参数，求出末端执行器中心的位置值。

θ_1	0°	30°	60°	90°
d_2	0.50	0.80	1.00	0.70

3. 3 自由度机械手如图 3-27 所示，臂长为 l_1 和 l_2，末端执行器中心离手腕中心的距离为 H，转角为

θ_1、θ_2、θ_3，试建立杆件坐标系，并推导出该机械手的运动学方程。

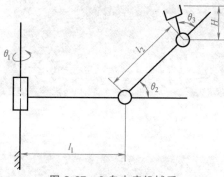

图 3-27　3 自由度机械手

扫码查看答案

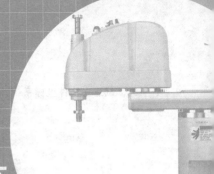

第**4**章
工业机器人的传感系统

4.1 传感器

本节思维导图

本节导入

传感器（transducer/sensor）在机器人控制中起关键作用，正因为有了传感器机器人才具备了感知功能和反应能力。传感技术、通信技术和计算机技术是现代信息技术的三大基础学科，被称为"信息技术的三大支柱"。传感技术的核心是传感器，它是负责信息交互的必要组成部分。从仿生学角度出发，若将计算机视为处理和识别信息的"大脑"，将通信系统看成传递信息的"神经系统"的话，那么传感器就是自动检测控制系统的"感觉器官"。机器人的感知系统通常由多种传感器或传感系统组成，系统的自动化程度越高，对传感器的依赖性就越强。

4.1.1 传感器的组成、特性及特点

1. 传感器的组成

传感器是一种能把特定的被测信号按一定规律转换成某种"可用信号"输出的器件或装置，以满足信息传输、处理、记录、显示和控制的要求。其中，"可用信号"指便于处理、传输的信号，一般为电量，如电压、电流、电阻、电容、频率等。传感器既能把非电量变换为电量，也能实现电量之间或者非电量之间的互相转换。总而言之，一切能获取信息的仪表、器件都可称为传感器。

传感器主要由敏感元件（sensitive element）、转换元件（transduction element）及转换电路（transduction circuit）三部分组成，如图4-1所示。

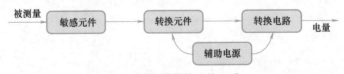

图4-1 传感器的结构组成

2. 传感器的特性

传感器的特性主要指输出与输入之间的关系。当输入量为常量或变化极为缓慢时，此时传感器的特性为静态特性；当输入量随时间变化时，此时传感器的特性为动态特性。

（1）传感器的静态特性　**传感器的静态特性是指传感器转换的被测量（输入信号）数值是常量（处于稳定状态）或变化极为缓慢时，传感器的输出与输入之间的关系。**

衡量传感器静态特性的主要指标有线性度、灵敏度、迟滞、重复性、最小检测量、分辨率、稳定性（零点漂移）、温漂等，如图 4-2 所示。

（2）传感器的动态特性　实际测量中，许多被测量是随时间变化的动态信号，这就要求传感器的输出不仅能精确地反映被测量的大小，还要能正确地再现被测量随时间变化的规律。传感器的动态性能指标有时域指标和频域指标两种。对于线性系统的动态响应研究，最广泛使用的模型是常系数线性微分方程。

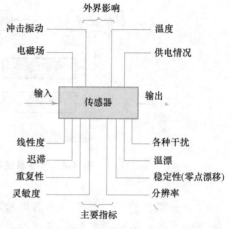

图 4-2　衡量传感器静态特性的主要指标

3. 传感器的特点

传感器是能把从机器人内、外部环境中感知的物理量、化学量、生物量等转换为电量输出的装置。通常来讲，机器人的感知就是借助各种传感器识别周边环境，其功能相当于人的眼、耳、鼻、皮肤等。目前，智能机器人可以通过传感器实现某些类似人类的感知功能，如图 4-3 所示。服务人类的机器人所应用的计算机视觉已经相当完善，通过各类视觉传感器可实现人脸识别、图像识别、定位、测距等。

传感器的特点包括微型化、数字化、智能化、多功能化、系统化、网络化。

4.1.2　工业机器人传感器的分类和要求

1. 工业机器人传感器的分类

工业机器人所要完成的工作任务不同，所配置的传感器类型、规格也就不同。工业机器人传感器可按多种方法进行分类，比如分为接触式传感器和非接触传感器、内部传感器和外部传感器、无源传感器和有源传感器、无扰动传感器和扰动传感器等。

图 4-3　携带传感器的机器人在为人服务

非接触式传感器以某种光或波（如可见光、X 射线、红外线、雷达波、声波、超声波和电磁射线等）形式来测量目标的响应。接触式传感器则以某种实际接触（如力、力矩、压力、位置、温度、电量和磁量等）形式来测量目标的响应。

根据检测对象的不同，工业机器人传感器一般可分为内部传感器和外部传感器两大类。图 4-4 所示为传感系统在工业机器人中的主要工作流程。

（1）内部传感器　内部传感器用于确定机器人在其自身坐标系内的姿态位置，是完成机器人运动控制（驱动系统及执行机械）所必需的传感器，多数是用于测量位移、速度、加速度和应力的通用型传感器，是构成机器人不可缺少的基本元件，如测量回转关节位置的轴角编码器、测量速度以控制其运动的测速计。

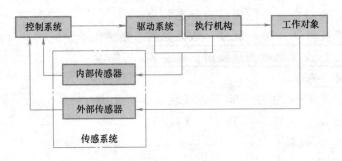

图 4-4　传感系统在工业机器人中的主要工作流程

（2）外部传感器　外部传感器可检测机器人所处环境、外部物体状态或机器人与外部物体（即工作对象）之间的关系，以及距离、接近程度和接触程度等变量，用于机器人的动作引导及物体的识别和处理。常用的外部传感器有力传感器、触觉传感器、接近觉传感器、视觉传感器等，可为更高层次的机器人控制提供适应更多场景的能力和辅助功能，也给工业机器人增加了自动检测的能力。一些特殊领域应用的机器人还可能需要具有温度、湿度、压力、滑动量、化学性质等方面感知能力的传感器。工业机器人传感器的分类（根据检测对象的不同）如图 4-5 所示。

2. 工业机器人传感器的一般要求

工业机器人用于执行各种加工任务，如物料搬运、装配、焊接、喷涂、检测等，不同的任务对工业机器人提出不同的要求。例如，搬运任务和装配任务对传感器的要求主要是力、触觉和视觉；焊接任务、喷涂任务和检测任务对传感器的要求主要是接近觉和视觉。不论哪类工作任务，它们对工业机器人传感器的一般要求如下：

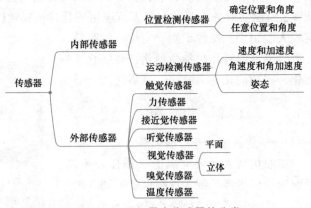

图 4-5　工业机器人传感器的分类
（根据检测对象的不同）

（1）精度高、重复性好　机器人传感器的精度直接影响机器人的工作质量，因此用于检测和控制机器人运动的传感器是控制机器人定位精度的基础，机器人能否准确无误地正常工作往往取决于传感器的测量精度。

（2）稳定性好、可靠性高　机器人通常在无人监管的条件下代替人工进行操作，万一机器人在工作中出现故障，轻则影响生产正常进行，重则造成严重的事故，所以机器人传感器的稳定性和可靠性是保证机器人能够长期稳定可靠工作的必要条件。

（3）抗干扰能力强　机器人传感器的工作环境往往比较恶劣，因此机器人传感器应当能够承受强电磁干扰、强振动，并能够在一定高温、高压、高污染环境中正常工作。

（4）重量轻、体积小、安装方便可靠　对于安装在机器人手臂、手腕等运动部件上的传感器，重量要轻，否则会加大运动部件的惯性，影响机器人的运动性能。对于工作空间受到某种限制的机器人，在机器人传感器的体积和安装方向方面有所要求也是必不可少的。

（5）价格便宜、安全性能好　传感器的价格直接影响到工业机器人的生产成本，传感器价格便宜可降低工业机器人的生产成本。另外，传感器除了要满足工业机器人的控制要求外，还应满足机器人安全工作而不损坏等要求及其他辅助性要求。

4.1.3　工业机器人传感器的选择要求

通常，工业机器人的工作性质不同，所选用的传感器也不同。下面是工业生产中工业机器人传感器的一般选择要求。

1. 根据加工任务的要求选择

在现代工业中，机器人被用于执行各种加工任务，其中比较常见的加工任务有物料搬运、装配、喷涂、焊接、检验等。不同的加工任务对机器人的传感器有不同的要求。

比如，选择工业机器人力矩传感器，主要参考五个方面的因素。第一个因素是负荷重量，即传感器规定范围内的最大负荷重量。第二个因素是作用力的强度。力传感器的接受能力超过其规定范围内的最大负荷时，传感器仍然能够对接收的信号进行解释，然后施加给一个准确的正确阅读量。第三个因素是整合。由于有些传感器具有非常复杂的与机器人集成的方法，相当于一个捆绑操作传感器，使得控制器和电源不易于使用和安装，通常可将机械、电子和软件部分都集成在一个简单的捆绑操作传感器中。第四个因素是噪声水平。噪声水平代表了可以由传感器检测到的最小的力，即如果传感器有一个高的噪声水平，则不能够检测低于这个水平的力。第五个因素是滞后问题。如果系统不能回到中立位置时则系统具有滞后性。

2. 根据机器人控制的要求选择

机器人控制需要采用传感器检测机器人的运动位置、速度、加速度等。除了较简单的开环控制机器人外，多数机器人都采用了位置传感器作为闭环控制的反馈元件，机器人根据位置传感器反馈的位置信息，对机器人的运动误差进行补偿。不少机器人还装备有速度传感器和加速度传感器。加速度传感器可以检测机器人构件受到的惯性力，使控制能够补偿惯性力引起的变形误差。速度检测用于预测机器人的运动时间，计算和控制由离心力引起的变形误差。

3. 根据辅助工作的要求选择

工业机器人在从事某些辅助工作时，也要求具有一定的感觉能力。辅助工作包括产品的检验和工件的准备等。机器人在外观检验中的应用日益增多，机器人在此方面的主要用途有检查飞边、裂缝（纹）或孔洞的存在，确定表面粗糙度和装饰质量，检查装配体的完成情况等。总而言之，根据辅助工作要求（如产品检验）和工件的准备来选择机器人传感器。

4. 根据安全方面的要求选择

从安全方面考虑，机器人对传感器的要求包括以下两个方面：第一，为了使机器人安全地工作而不受损坏，机器人的各个构件都不能超过其受力极限；第二，从保护机器人使用者的安全出发，也要考虑对机器人传感器的安全要求。

4.2 常用的工业机器人内部传感器装置

本节导入

机器人的内部传感器主要是用于检测机器人本身的状态（如手臂间角度）的传感器，多为检测位置、角度的传感器。

内部传感器根据工业机器人本身的坐标轴来确定其位置，一般安装在机器人的机械手上，而不是安装在周围环境中，用于感知机器人自身的状态，以调整和控制机器人的行动。常用的工业机器人内部传感器有位置传感器、位移传感器、角度传感器、速度传感器、加速度传感器、力传感器、温度传感器及异常变化的传感器等。

4.2.1 位置传感器

位置传感器可用于测量机电一体化执行机构中的机械运动和位移，并将其转换为电信号。而工业机器人也属于机电一体化执行机构的一类，通常需要使用位置传感器检测其位置和位移信号。位置传感器可用来检测位置，以反映某种状态的开关，还可检测线位移、角位移等。

本节思维导图

工业机器人关节的位置控制是机器人最基本的控制要求，而对位置和位移的检测也是机器人最基本的感觉要求。机器人的位置传感器主要用于测量机器人自身位置。常见的机器人位置传感器包括电阻式位置传感器、电容式位置传感器、电感式位置传感器、光电式位置传感器、霍尔元件位置传感器、电位计式位移传感器和磁栅式位移传感器等。

典型的位置传感器是电位计式位移传感器，又称为电位差计，由一个绕线电阻（或薄膜电阻）和一个滑动触点组成。滑动触点通过机械装置受被检测量的控制。当位置量发生变化时滑动触点也发生位移，改变了滑动触点与电位器各端之间的电阻值和输出电压值，电位计式位移传感器通过输出电压值的变化量检测机器人各关节的位置和位移量。

按照传感器结构的不同，电位计式位移传感器可分为两大类，一类是直线型电位计式位移传感器，另一类是旋转型电位计式位移传感器。

1. 电位计式位移传感器

图 4-6 是一个电位计式位移传感器的实例。在载有物体的工作台或机器人的另外一个关节下有相同的电阻接触点，当工作台或关节左右移动时，接触触点随之左右移动，从而改变与电阻接触的位置。其检测的是以电阻中心为基准位置的移动距离，可以检测出机器人各关节的位置和位移量。

当输入电压为 U，从电阻中心到一端的长度为最大移动距离 L，在可动触点从中心向左端只移动 x 的状态，假定电阻右侧的输出电压为 u。图 4-6a 所示的电路中流过一定的电流，由于电压与电阻的长度成比例，因此左、右的电压比等于电阻长度比。电位计式位移传感器的位移和电压关系为

$$x = \frac{L(2u-U)}{U} \tag{4-1}$$

式中，U 是输入电压；L 是触点最大移动距离；x 是向左端移动的距离；u 是电阻右侧输出电压。

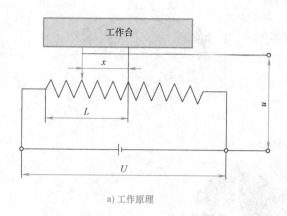

a) 工作原理

b) 实物图

图 4-6　电位计式位移传感器

电位计式位移传感器主要用于直线位移检测，其电阻采用直线型螺线管或直线型碳膜电阻，滑动触点只能沿电阻的轴线方向做直线运动，其具有诸多优点。电位计式位移传感器的一个主要缺点是易磨损。由于滑动触点和电阻表面的磨损，使电位器的可靠性和寿命受到一定程度的影响，正因如此，电位计式位移传感器在机器人上的应用受到了一定的局限，随着旋转编码器价格的降低而逐渐被取代。

2. 旋转型电位计式角度传感器

当把电位计式位移传感器的电阻元件弯成圆弧形并以可动触点的一端为圆心旋转时，由于电阻值随相应的转角变化，就构成一个简易的角度传感器。旋转型电位计式角度传感器有单圈电位器和多圈电位器两种。由于滑动触点等的限制，单圈电位器的工作范围只能小于 360°，对分辨率也有一定限制。

旋转型电位计式角度传感器由环状电阻和一个可旋转的电刷共同组成。当电流流过电阻时形成电压分布，当电压分布与角度成比例时，从电刷上提取出的电压值 U'，与角度 θ 成比例。旋转型电位计式角度传感器如图 4-7 所示。

4.2.2　角度传感器

应用最多的旋转角度传感器是旋转编码器，旋转编码器又称为回转编码器。旋转编码器一般装在机器人各关节的转轴上，用来测量各关节转轴的实时角度。旋转编码器把连续输入的转轴的旋转角度进行离散化和量化处理提供给机器人的处理器。旋转编码器有绝对型和增量型两种，在机器人的应用中较多。

1. 光学式绝对型旋转编码器

绝对型编码器是一种直接编码式的测量元件，它可以直接把被测转角或位移转化成相应的代码，指示的是绝对位置而无累加误差，在电源切断时不会失去位置信息。但绝对型编码器结构复杂，价格昂贵，且不易做到高精度和高分辨率。

绝对型旋转编码器在使用时，可以用一个传感器检测角度和角速度。这种编码器的输出

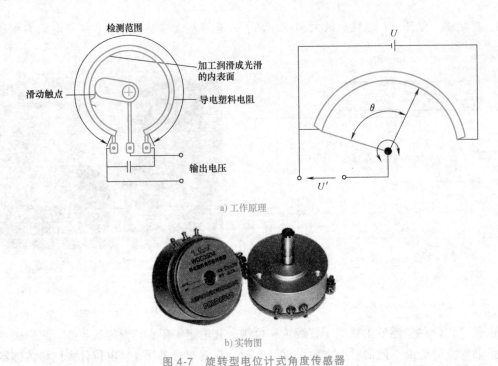

a) 工作原理

b) 实物图

图 4-7 旋转型电位计式角度传感器

是旋转角度的实时值，所以若对采集的值进行记忆并计算它与实时值之间的差值，就可以求出角速度。

编码盘以二进制等编码形式表示，将圆盘分成若干等分，利用光电原理把代表被测位置的各等分上的数码转化成电信号输出以用于检测。图 4-8 所示为绝对型旋转编码器的码盘。图 4-9 所示为光学式绝对型旋转编码器的工作原理和实物图，它主要由多路光源、光敏元件和编码盘组成。编码盘处在光源与光敏元件之间，其轴与电动机轴相连，随电动机的旋转而旋转。在输入轴上的旋转透明圆盘上设置 n 条同心圆环带，对环带（或码道）上的角度实施二进制编码，并将不透明条纹印制到环带上。光电编码器利用光电原理把代表被测位置的各等分上的数码转换成电脉冲信号输出，以用于检测。当光线照射在圆盘上时，用传感器来识别透过圆盘的光的位置，读取出 n 位的二进制码数据。该编码器的分辨率由二进制码的位数（环带数）决定，例如 12 位编码器的分辨率为 $2^{-12}=1/4096$。

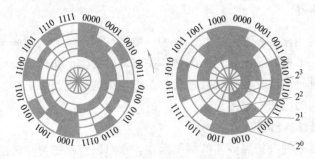

图 4-8 绝对型旋转编码器的码盘

绝对型编码器对于转轴的每一个位置均产生唯一的二进制码，因此可用于确定绝对位置。绝对位置的分辨率取决于二进制码的位数，即码道的个数。

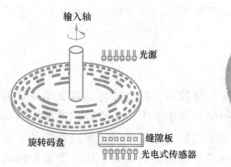

a) 工作原理　　　　　　　　　　　　　　　　b) 实物图

图 4-9　光学式绝对型旋转编码器

2. 光学式增量型旋转编码器

增量型旋转编码器能够以数字形式测量出转轴相对于某一基准位置的瞬时角度，此外还能测出转轴的转速和转向。光学式增量型旋转编码器主要由光源、编码盘、检测光栅、光电检测器和转换电路组成。在旋转圆盘上设置一条环带，将环带沿圆周方向分割成均匀等份，并用不透明的条纹印制到上面，把圆盘置于光线的照射下，透过去的光线用一个光传感器进行判读。因为圆盘每转过一定角度，光传感器的输出电压就会在 H（high level）与 L（low level）之间交替地进行转换，所以当把这个转换次数用计数器进行统计时，就能知道旋转的角度。光学式增量型旋转编码器如图 4-10 所示。

a) 工作原理　　　　　　　　　　　　　　　　b) 实物图

图 4-10　光学式增量型旋转编码器

在采用增量型旋转编码器时，得到的是从角度的初始值开始检测到的角度变化，要想知道现在的角度，就必须利用其他方法来确定初始角度。

角度的分辨率由环带上缝隙条纹的个数决定。例如，在一圈 360° 内能形成 600 个缝隙条纹，就称其为 600P/r（脉冲/转）。

光学式增量型旋转编码器工作时，有相应的脉冲输出，其旋转方向的判别和脉冲数量的增减计数需要借助判相电路和计数器来实现。其计数点可任意设定，并可实现多圈的无限累加和测量。当脉冲数已固定时，若需要提高分辨率，则可利用有 90° 相位差的 A、B 两路信号对原脉冲进行倍频。

增量型旋转编码器的优点：原理构造简单，易于实现；机械平均寿命长，可达到几万小时以上；分辨率高；抗干扰能力较强，可靠性较高；信号传输距离较长。其缺点是无法直接读出转动轴的绝对位置信息。

4.2.3 速度传感器

机器人自动化技术中，旋转运动速度测量较多，且直线运动速度常通过旋转速度间接测量。在机器人中，主要测量机器人关节的运行速度。下面重点以角速度传感器进行介绍。

目前广泛使用的角速度传感器有测速发电机和增量型旋转编码器两种。测速发电机可以把机械转速变换成电压信号，而且输出电压与输入的转速成正比。增量型编码器既可测量瞬时角度又可测量瞬时角速度。角速度传感器的输出信号一般有模拟信号和数字信号两种。

1. 测速发电机

测速发电机是应用最广泛，能直接得到代表转速的电压且具有良好实时性的一种速度测量传感器，它主要用于检测机械转速，能把机械转速变换为电压信号。测速发电机的输出电动势与转速成比例，改变旋转方向时输出电动势的极性即相应改变。被测机构与测速发电机同轴连接时，只要检测出输出电动势，就能获得被测机构的转速，故又称为速度传感器。按其构造分为直流测速发电机和交流测速发电机。

直流测速发电机实际是一种微型直流发电机，按定子磁极的励磁方式分为永磁式和电磁式。永磁式直流测速发电机采用高性能永久磁钢励磁，受温度变化的影响较小，输出变化小，斜率高，线性误差小。这种发电机在 20 世纪 80 年代因新型永磁材料的出现而发展较快。电磁式直流测速发电机采用他励式，不仅复杂且因励磁受电源、环境等因素的影响，输出电压变化较大，应用不多。图 4-11 所示为直流测速发电机的结构原理。

交流异步测速发电机与交流伺服电动机的结构相似，其转子结构有笼型的，也有杯型的，在自动控制系统中多用空心杯转子异步测速发电机。交流同步测速发电机由于输出电压和频率随转速同时变化，且不能判别旋转方向，使用不便，在自动控制系统中很少使用。图 4-12 所示为交流异步测速发电机的结构原理。

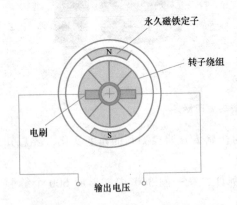

图 4-11　直流测速发电机的结构原理

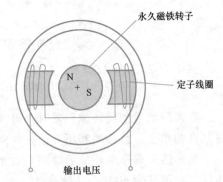

图 4-12　交流异步测速发电机的结构原理

测速发电机属于模拟速度传感器，它的工作原理类似于小型永磁式直流发电机。它们的工作原理都是基于法拉第电磁感应定律，当通过线圈的磁通量恒定时，位于磁场中的线圈旋转时线圈两端产生的感应电动势与转子线圈的转速成正比，即

$$u = kn \tag{4-2}$$

式中，u 是测速发电机的输出电压，单位为 V；n 是测速发电机的转速，单位为 r/min；k 是比例系数。

通过以上分析可以看出，测速发电机的输出电压与转子转速呈线性关系。当直流测速发电机带有负载时，电枢绕组便会产生电流而使输出电压下降，它们之间的线性关系将被破坏，使输出产生误差。为了减少误差，测速发电机应保持负载尽可能小，同时要保持负载的性质不变。

利用测速发电机与机器人关节伺服驱动电动机相连就能测出机器人运动过程中的关节转动速度，并能在机器人自动系统中作为速度闭环系统的反馈元件。机器人速度闭环控制系统的原理图如图 4-13 所示。

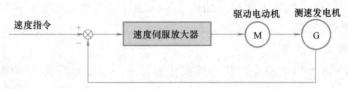

图 4-13 机器人速度闭环控制系统的原理图

测速发电机具有线性度好、灵敏度高、输出信号强等特点，目前检测范围一般在 20 ~ 40r/min，精度为 0.2% ~ 0.5%。

2. 增量型旋转编码器

增量型旋转编码器在工业机器人中既可以作为角度传感器测量关节的相对角度，又可作为速度传感器测量关节速度。当作为速度传感器时，既可以在数字方式下使用，又可以在模拟方式下使用。

（1）模拟方式 模拟方式下，必须有一个频率-电压变换器（F-V 变换器），用来把编码器测得的脉冲频率转换成与速度成正比的模拟信号，其原理图如图 4-14 所示。频率-电压变换器必须有良好的零输入、零输出特性和较小的温度漂移才能满足测试要求。

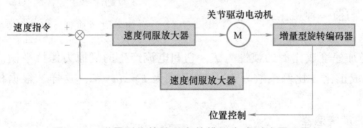

图 4-14 增量型旋转编码盘的模拟方式测速原理图

（2）数字方式 增量型旋转编码器的数字方式测速是指基于数学公式利用计算机软件计算出速度。由于角速度是转角对时间的一阶导数，若能测得单位时间 Δt 内编码器转过的角度 $\Delta\theta$，则编码器在该时间内的平均转速为

$$\omega = \frac{\Delta\theta}{\Delta t} \tag{4-3}$$

单位时间取得越短，求得的转速越接近瞬时转速。但是，单位时间取得太短时，编码器通过的脉冲数量太少，会导致所得到的速度分辨率下降，在实践中通常采用时间增量测量电路来解决这一问题。

4.2.4 加速度传感器

随着机器人的高速化、高精度化，由机械运动部分刚性不足所引起的振动问题开始得到关注。作为抑制振动问题的对策，有时在机器人各杆件上安装加速度传感器，测量振动加速度，并把它反馈到杆件底部的驱动器上；有时把加速度传感器安装在机器人末端执行器上，将测得的加速度进行数值积分加到反馈环节中，以改善机器人的性能。从测量振动的目的出发，加速度传感器日趋受到重视。

机器人的动作是三维的，而且活动范围很广，因此可在连杆等部位直接安装接触式振动传感器。虽然机器人的振动频率仅为数十赫，但由于共振特性容易改变，所以要求传感器具有低频高灵敏度的特性。机器人常用的加速度传感器有应变片加速度传感器、伺服加速度传感器和压电加速度传感器。

1. 应变片加速度传感器

Ni-Cu 或 Ni-Cr 等金属电阻应变片加速度传感器是一个由板簧支承重锤所构成的振动系统，板簧上下两面分别贴两个应变片（见图 4-15）。应变片受振动产生应变，其电阻值的变化通过电桥电路的输出电压被检测出来。除了金属电阻外，硅或锗半导体压阻元件也可用于加速度传感器。

半导体应变片的应变系数比金属电阻应变片高 50~100 倍，灵敏度很高，但温度特性差，需要加补偿电路。

2. 伺服加速度传感器

伺服加速度传感器检测出与上述振动系统重锤位移成比例的电流，把电流反馈到恒定磁场中的线圈，使重锤返回到原来的零位移状态。由于重锤没有几何位移，因此这种传感器与前一种相比，更适用于较大加速度的系统。

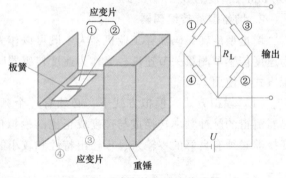

图 4-15　应变片加速度传感器

首先产生与加速度成比例的惯性力 F，它和电流产生的复原力保持平衡。根据弗莱明左手定则，F 和 i 成正比（比例系数为 K），关系式为 $F = ma = Ki$。这样，根据检测的电流可以求出加速度 a。

3. 压电加速度传感器

压电加速度传感器利用具有压电效应的物质，将产生加速度的力转换为电压。这种具有压电效应的物质，受到外力发生机械形变时，能产生电压；反之，外加电压时，也能产生机械形变。压电元件多由具有高介电系数的酸铅材料制成。

设压电常数为 d，则加在元件上的应力 F 和所产生电荷 Q 的关系式为 $Q = dF$。

设压电元件的电容为 C，输出电压为 U，则 $U = Q/C = dF/C$，其中 U 和 F 在很大动态范围内保持线性关系。

压电元件的形变有压缩形变、剪切形变和弯曲形变三种基本模式，如图 4-16 所示。图 4-17 是利用剪切方式的加速度传感器的结构简图。传感器中一对平板形或圆筒形压电元件在轴对称位置上垂直固定着，压电元件的剪切压电常数大于压电常数，而且不受横向加速度的影响，在一定的高温下仍能保持稳定的输出。压电加速度传感器的电荷灵敏范围很宽，可达 $10^{-2} \sim 10^3 pC$，单位为 m/s^2。

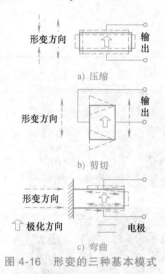

图 4-16　形变的三种基本模式

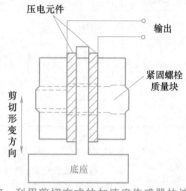

图 4-17　利用剪切方式的加速度传感器的结构简图

4.3　常用的工业机器人外部传感器装置

本节导入

　　机器人的外部传感器是用来检测机器人的作业对象（比如是什么物体）、所处环境（如离物体的距离有多远等）及状况（如物体是否滑落）的传感器。为了检测作业对象及环境或机器人与它们之间的关系，在机器人上安装触觉传感器、视觉传感器、力传感器、接近觉传感器、超声波传感器、听觉传感器等外部传感器，大大改善了机器人的工作状况，使其能够更好地完成复杂的工作。

4.3.1　机器视觉系统

　　人类从外界获得的信息大多数是由眼睛获得的。人类视觉细胞的数量是听觉细胞的 3000 多倍，是皮肤感觉细胞的 100 多倍。如果要赋予机器人较高级的智能，机器人必须通过视觉系统更多地获取周围的环境信息。视觉传感器是固态图像传感器（如 CCD、CMOS）成像技术和 Framework 软件结合的产物，它可以识别条形码和任意 OCR 字符。图 4-18 所示为视觉传感器。

　　光电式传感器包含一个光传感元件，而视觉传感器具有从一整幅图像捕获数百万个像素的能力，以往需要多个光电式传感器来完成多项特征

本节思维导图

图 4-18　视觉传感器

的检验，现在可以用一个视觉传感器来检验多项特征，且具有检验面积大、目标位置准确、方向灵敏度高等特点，因此视觉传感器在工业机器人中应用更为广泛。表 4-1 为机器视觉系统的应用领域。

表 4-1　机器视觉系统的应用领域

应用领域	功　能	图　例
识别	检测一维码、二维码,对光学字符进行识别和确认	
检测	色彩和瑕疵检测,部件有无的检测,以及目标位置和方向的检测	
测量	尺寸和容量的检测,预设标记的测量,如孔到孔位的距离	
引导	弧焊跟踪	
三维扫描	3D 成型	

　　目前，将近 80% 的机器视觉系统主要用在检测方面，包括用于提高生产效率、控制生产过程中的产品质量、采集产品数据等。机器视觉自动化设备可以代替人工不知疲倦地进行重复性工作，而且在一些不适合人工作业的危险工作环境或人工视觉难以满足要求的场合，机器视觉系统都可以替代人工视觉。图 4-19 所示为三维视觉传感器在零件检测中的应用。

机器人的视觉传感主要应用在两个方面：

（1）装配机器人（机械手）视觉装置
要求视觉系统必须能够识别传送带上所要装配
的机械零件，确定该零件的空间位置。根据信
息控制机械手的动作，实现准确装配。对机械
零件的检查包括检查工件的完好性、量测工件
的极限尺寸、检查工件的磨损等。此外，机械
手还可以根据视觉系统的反馈信息进行自动焊
接、喷涂和自动上下料等。

图 4-19　三维视觉传感器在零件检测中的应用

（2）行走机器视觉装置　要求视觉系统
能够识别室内或室外的景物，进行道路跟踪和
自主导航，用于外部危险材料的搬运和野外作业等任务。

机器视觉系统是使机器人具有视觉感知功能的系统。机器视觉系统通过图像和距离等传
感器来获取环境对象的图像、颜色和距离等信息，然后传递给图像处理器，利用计算机从二
维图像中理解和构造出三维模型。它可以通过视觉传感器获取环境的二维图像，并通过视觉
处理器进行分析和解释，进而转换为符号，让机器人能够辨识物体并确定位置。工业机器人
的视觉处理系统包括图像输入（获取）、图像处理和图像输出等几个部分，实际系统可以根
据需要选择其中的若干部件。图 4-20 所示为机器视觉系统的主要硬件组成。

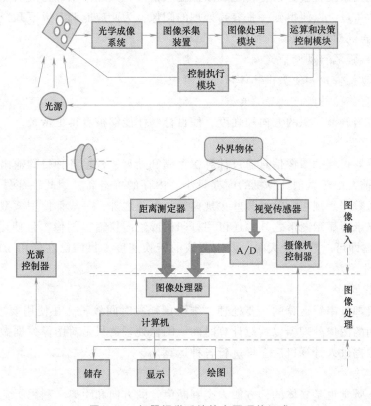

图 4-20　机器视觉系统的主要硬件组成

工业机器人的视觉系统包括视觉传感器、摄像机和光源控制、计算机，图像处理器、听觉传感器和安全传感器等部分。

1. 视觉传感器

视觉传感器是将景物的光信号转换成电信号的器件，主要是指利用照相机对目标图像信息进行收集与处理，然后计算出目标图像的特征，如位置、数量、形状等，并将数据和判断结果输出到传感器中。大多数机器视觉系统都不必通过胶卷等媒介物，而是直接把景物摄入。

视觉传感器的主要组成有照相机、图像传感器等。其中，图像传感器主要有 CCD 和 CMOS 两种。CCD 成像品质较高，且具有一维图像摄成的线阵 CCD 和二维平面图像摄成的面阵 CCD，目前二维线性传感器的分辨率达到 6000 个像素以上。与普通光电式传感器相比，视觉传感器具有灵活性更高、检验范围更大、体积小和重量轻等优点，在工业中的应用越来越广泛。

由视觉传感器得到的电信号，经 A/D 转换器转换成数字信号，称为数字图像。一个画面可一般分成 256×256 像素、512×512 像素或 1024×1024 像素，像素的灰度可用 4 位或 8 位二进制数来表示。一般情况下，这么大的信息量对机器人系统来说是足够的。对于要求比较高的场合，还可使用彩色摄像系统或在黑白摄像管前面加上红、绿、蓝等滤光器的方法得到颜色信息和较好的反差。

2. 摄像机和光源控制

机器人的视觉系统直接把景物转化成图像输入信号，因此取景部分应当能根据具体情况自动调节光圈的焦点，以便得到一张容易处理的图像，为此应能调节以下几个参量：

1) 焦点能自动对准要观测的物体。
2) 根据光线强弱自动调节光圈。
3) 自动转动摄像机，使被摄物体位于视野中央。
4) 根据目标物体的颜色选择滤光器。

此外，还应当调节光源的方向和强度，使目标物体能够被看得更清楚。

3. 计算机

由视觉传感器得到的图像信息通过计算机存储和处理，根据各种目的输出处理结果。20世纪 80 年代以前，由于微型计算机的内存量小，内存的价格高，因此往往另加一个图像存储器来存储图像数据。现在，除了某些大规模视觉系统之外，一般都使用微型计算机或小型机。除了通过显示器显示图形之外，还可用打印机或绘图仪输出图像，且使用转换精度为 8 位的 A/D 转换器即可。数据量大时，要求更快的转换速度，目前已在使用 100MB 以上的 8 位 A/D 转换芯片。

4. 图像处理器

一般计算机都是串行运算的，要处理二维图像耗费时间较长。在使用要求较高的场合，可设置一种专用的图像处理器以缩短计算时间。图像处理器只是对图像数据做一些简单、重复的预处理，数据进入计算机后，再进行各种运算。

5. 听觉传感器

类似视觉，听觉也是立体的，方便人类判断声音的方向和距离。利用听觉可选择适当的运动形式，尤其是当视觉丧失或者视线受阻时，如汽车驾驶过程中，可能还未看到汽车，已经听到汽车驶来的声音，驾驶人可通过听觉作出判断。例如：许多富有经验的汽车维修工，只需凭听发动机运转的声音，即可正确辨别是否存在问题。听觉传感器也是机器人的重要感觉器官之一。由于计算机技术及语音学的发展，现在已经实现用听觉传感器代替人耳，通过语音处理及识别技术识别讲话人，还能正确理解一些简单的语句。人用语言指挥机器人，比用键盘指挥机器人更方便。机器人对人发出的各种声音进行检测，执行向其发出的命令，如果是在危险时发出的声音，机器人还必须对此产生回避的行动。听觉传感器实际上就是传声器。过去使用的基于各种各样原理的传声器，现在则已经变成了小型、廉价且具有高性能的驻极体电容传声器。

在听觉系统中，最重要的是语音识别。在识别输入语音时，可以分为特定人的语音识别及非特定人的语音识别，而特定人说话方式的识别率比较高。为了便于存储标准语音波形及选配语音波形，需要对输入的语音波形频带进行适当的分割，将每个采样周期内各频带的语音特征能量抽取出来。

6. 安全传感器

安全传感器是指能感受（或响应）规定的被测量并按照一定规律转换成可用信号输出的器件或装置，它由直接响应被测量的敏感元件和产生可用信号输出的转换元件以及相应电子电路组成。这种符合安全标准的传感器称为安全传感器。图 4-21 为安全传感器的应用示意图。安全传感器产品分为安全开关、安全光栅、安全门系统等。工业机器人与人协作，首先要保证作业人员的安全，使用摄像头、激光等，目的是告诉机器人周围的状况，最简单的例子就是电梯门上的激光安全传感器，当激光测到障碍物时，会立即停止关门并倒回，以避免碰撞。

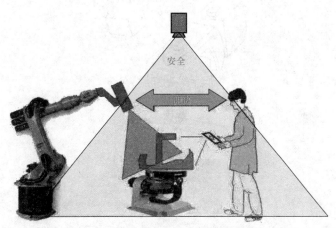

图 4-21　安全传感器的应用示意图

采用机器视觉系统，工业机器人将具有以下优势：

（1）可靠性　非接触测量不仅满足狭小空间装配过程的检测，同时提高了系统安全性。

（2）精度和准确度高　采用机器视觉可提高测量精度。人工目测受测量人员主观意识的影响，而机器视觉这种精确的测量仪器排除了这种干扰，提高了测量结果的准确性。

（3）灵活性　视觉系统能够进行各种测量。当使用环境变化后，只需软件做相应变化或者升级就可以适应新的需求。

（4）自适应性　机器视觉可以不断获取多次运动后的图像信息，反馈给运动控制器，直至最终结果准确，实现自适应闭环控制。

4.3.2 触觉传感器

人类的触觉能力相当强大。人不但能够捡起一个物体，而且无须眼睛也能识别其外形甚至辨认出是何物。许多小型物体完全可以依靠人的触觉辨认出来，如螺钉、开口销、圆销等。如果要求机器人能够进行复杂的装配工作，它也需要具备这种能力。

工业机器人的触觉功能是感受接触、冲击、压迫等机械刺激，可以用在抓取时感知物体的形状、软硬等物理性质。一般把感知与外部直接接触而产生的力觉、接触觉、压觉及滑觉等传感器统称为触觉传感器，通过触觉传感器与被识别物体相接触或相互作用来完成对物体表面特征和物理性能的感知。为使机器人准确地完成工作，需时刻检测机器人与对象物体的配合关系。机器人触觉可分成触觉、接近觉、压觉、滑觉和力觉等，如图 4-22 所示。触头可装配在机器人的手指上，用来判断工作中的各种状况。

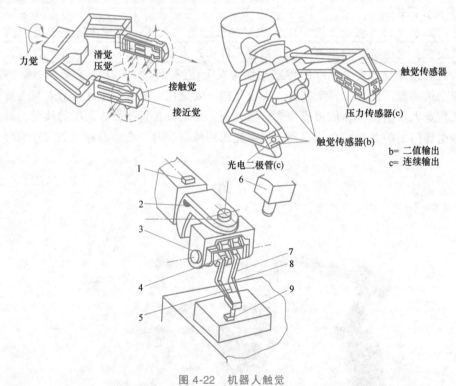

图 4-22　机器人触觉

1—声波安全传感器　2—安全传感器（拉线形状）　3—位置、速度、加速度传感器　4—超声波测距传感器
5—多方向接触传感器　6—电视摄像头　7—多自由度力传感器　8—握力传感器　9—触头

目前，还难以实现材质感觉的感知，如丝绸的皮肤触感。下面分别介绍常见的四种触觉传感器。

1. 力传感器

机器人作业是一个机器人与周围环境的交互过程。作业过程有两类：一类是非接触式的，如弧焊、喷涂等，基本不涉及力；另一类工作则是通过接触才能完成的，如拧螺钉、点焊、装配、抛光、加工等。目前，已有将视觉和力传感器用于非事先定位的轴孔装配，其中视觉完成大致的定位，装配过程靠孔的倒角作用不断产生的力反馈得以顺利完成。例如高楼清洁机器人，当它擦干净玻璃时，显然用力不能太大也不能太小，即要求机器人作业时具有力控制功能。当然，对于机器人的力传感器，不仅仅是上面描述的对机器人末端执行器与环境作用过程中发生的力进行测量，还包括机器人自身运动控制过程中的力反馈测量、机器手爪抓握物体时的握力测量等。

力觉是指对机器人的指、肢和关节等运动中所受力的感知，用于感知夹持物体的状态，校正由于手臂变形引起的运动误差，保护机器人及零件不会损坏。力和力矩传感器用来检测设备的内部力或与外界环境的相互作用力，力不是可直接测量的物理量，而是通过其他物理量间接测量出来的。

力传感器对装配机器人具有重要意义，通常将机器人的力传感器分为关节力传感器、腕力传感器、指力传感器三类。

（1）关节力传感器　关节力传感器安装在关节驱动器上，它测量驱动器本身的输出力和力矩，用于控制过程的力反馈。这种传感器信息量单一，结构比较简单，是一种专用的力传感器。

（2）腕力传感器　腕力传感器安装在末端执行器和机器人最后一个关节之间，它能直接测出作用在末端执行器上的各向力和力矩。从结构上来说，这是一种相对复杂的传感器，它能获得手爪三个方向的受力（力矩），信息量较多。由于其安装部位在末端执行器和机器人手臂之间，比较容易形成通用化的产品系列。

图 4-23 所示为 Draper 实验室研制的六维腕力传感器的结构，它将一个整体金属环周壁铣成按 120° 周向分布的三根细梁。其上部圆环上有螺孔与手臂相连，下部圆环上的螺孔与手爪连接，传感器的测量电路置于空心的弹性构架体内。该传感器结构比较简单，灵敏度也较高，但六维力（力矩）的获得需要解耦运算，传感器的抗过载能力较差，较易受损。

（3）指力传感器　指力传感器安装在机器人手指关节上（或指上），用来测量夹持物体时的受力情况。指力传感器一般测量范围较小，同时受手爪尺寸和重量的限制，在结构上要求小巧，也是一种较专用的力传感器。

图 4-24 所示为一种安装在末端执行器上的力传感器，用于防止作业中的碰撞，机器人如果感知到压力，将发送信号，限制或停止机器人的运动。

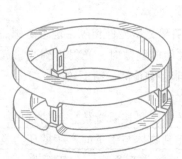

图 4-23　Draper 的腕力传感器

图 4-24　安装在末端执行器上的力传感器

2. 接触觉传感器

接触觉传感器安装在工业机器人的运动部件或末端执行器上，用以判断机器人部件是否与对象物体发生接触，以保证机器人运动的正确性，实现合理把握运动方向或防止发生碰撞等。接触觉传感器的输出信号通常是"0"或"1"，最经济实用的形式是各种微动开关。常用的微动开关由滑柱、弹簧、基板和引线构成，具有性能可靠、成本低、使用方便等特点。简单的接触式传感器以阵列形式排列组合成触觉传感器，它以特定次序向控制器发送接触和形状信息。图4-25所示为一种机械式接触觉传感器示例。

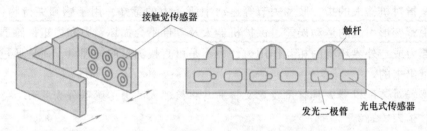

图 4-25　机械式接触觉传感器示例

接触觉传感器可以提供的物体信息如图4-26所示。当接触觉传感器与物体接触时，依据物体的形状和尺寸，不同的接触觉传感器将以不同的次序对接触做出不同的反应。控制器就利用这些信息来确定物体的大小和形状。图4-26中给出了三个分别接触立方体、圆柱体和不规则形状物体的简单例子。每个物体都会使接触觉传感器产生一组唯一的特征信号，由此可确定接触的物体。

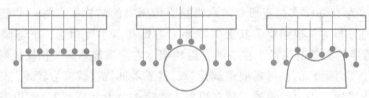

图 4-26　接触觉传感器提供的物体信息

常见的接触觉传感器有：

1）单向微动开关——当规定的位移或力作用到可动部分（称为执行器）时，开关的触点断开或接通而发出相应的信号。

2）接近开关。非接触式接近传感器有高频振荡式、磁感应式、电容感应式、超声波式、气动式、光电式、光纤式等多种接近开关。

3）光电开关——由LED光源和光敏二极管或光电晶体管等光敏元件相隔一定距离构成的透光式开关。当充当基准位置的遮光片通过光源和光敏元件间的缝隙时，光射不到光敏元件上，光路被切断，从而起到开关的作用。光电开关的特点是非接触检测，精度较高。

3. 压力传感器

压觉是指用手指把持物体时感受到的压力感觉。压力传感器是接触觉传感器的延伸，机器人的压力传感器安装在手爪上面，可以在把持物体时检测到物体与手爪间产生的压力及其分布情况。压力传感器的原始输出信号是模拟量。压力传感器类型很多，如压阻型、光电型、压电型、压敏型和压磁型等，其中常用的为压电传感器。压电元件是指某种物质上如施加压力就会产生电信号（即产生压电现象）的元件。

压电现象的工作机理是在显示压电效果的物质上施力时，由于物质被压缩而产生极化作用（与压缩量成比例），如在两端接上外部电路，电流就会流过，所以通过检测这个电流就可构成压力传感器。

如果把多个压电元件和弹簧排列成平面状，就可识别各处压力的大小以及压力的分布，由于压力分布可表示物体的形状，所以也可用作识别物体。通过对压觉的巧妙控制，机器人即可抓取豆腐及鸡蛋等软物体。图 4-27 所示为机械手用压力传感器抓取塑料吸管。

4. 滑觉传感器

机器人在抓取不知属性的物体时，其自身应能确定最佳握紧力的给定值。当握紧力不够时，要能检测被握紧物体的滑动，利用该检测信号，在不损害物体的前提下，考虑最可靠的夹持方法，实现此功能的传感器称为滑觉传感器。滑觉传感器主要用于检测物体接触面之间相对运动的大小和方向，判断是否握住物体及应该用多大的夹紧力等。机器人的握力应满足既不使物体产生滑动而握力又为最小的临界握力，如果能在刚开始滑动之后便立即检测出物体和手指间产生的相对位移，随即增加握力就能使滑动迅速停止，那么就可以用最小的临界握力抓住该物体。滑觉传感器有滚动式和球式两种，还有一种通过振动检测滑觉的传感器。

图 4-28 所示为贝尔格莱德大学研制的机器人专用滑觉传感器，它由一个金属球和触针组成，金属球表面有许多间隔排列的导电和绝缘小格，触针头很细，每次只能触及一个格。当工件滑动时，金属球也随之转动，在触针上输出脉冲信号。脉冲信号的频率反映了滑移速度，脉冲信号的个数对应滑移的距离。触头面积小于球面上露出的导体面积，它不仅可做得很小，而且检测灵敏。球与物体相接触，无论滑动方向如何，只要球一转动，传感器就会产生脉冲输出。该球体在冲击力作用下不转动，因此抗干扰能力强。

图 4-27　机械手用压力传感器抓取塑料吸管

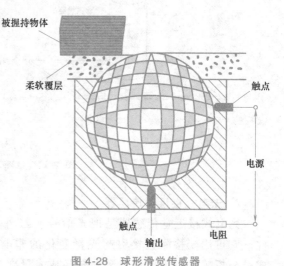

图 4-28　球形滑觉传感器

4.3.3　接近觉传感器

接近觉传感器是指机器人手接近对象物体的距离在几毫米到十几厘米时，就能检测与对象物体的表面距离、斜度和表面状态的传感器。接近觉传感器采用非接触式测量元件，一般安装在工业机器人的末端执行器上。其至少有两方面的作用：一是在接触到对象物体之前事先获得位置、形状等信息，为后续操作做好准备；二是提前发现障碍物，对机器人运动路径提前规划，以免发生碰撞。常见的接近觉传感器可分为电磁式（感应电流式）、光电式（反射或透射式）、电容式、气压式和超声波式等。图 4-29 所示为各种接近觉传感器的感知物理量。

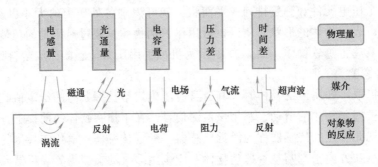

图 4-29 各种接近觉传感器的感知物理量

1. 电磁式接近觉传感器

图 4-30 所示为电磁式接近觉传感器。在线圈中通入高频电流，就产生磁场，这个磁场接近金属物体时，会在金属物体中产生感应电流（即涡流），涡流大小随对象物体表面的距离而变化，该涡流变化反作用于线圈，通过检测线圈的输出可反映出传感器与被接近金属间的距离。由于工业机器人的工作对象大多是金属部件，因此电磁式接近觉传感器的应用较广，在焊接机器人中可用它来探测焊缝。

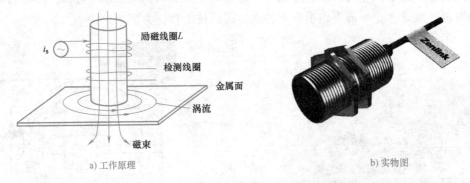

a) 工作原理   b) 实物图

图 4-30 电磁式接近觉传感器

2. 光电式接近觉传感器

光电式接近觉传感器是把光信号（红外光、可见光及紫外光）转变成为电信号的器件。它可用于检测直接引起光量变化的非电量，如发光强度、光照度、辐射测温、气体成分分析等，也可用来检测能转换成光量变化的其他非电量，如零件直径、表面粗糙度、应变、位移、振动、速度、加速度，还可用于物体的形状、工作状态的识别等。光电式接近觉传感器由发射器和接收器两部分组成，发射器可设置在内部，也可设置在外部，接收器能够感知光线的有无。发射器及接收器的配置准则是：发射器发出的光只有在物体接近时才能被接收器接收，除非能反射光的物体处在传感器作用范围内，否则接收器就接收不到光线，也就不能产生信号。图 4-31 所示为光电式接近觉传感器。这种传感器具有非接触性、响应快速、维修方便、测量精度高等特点，目前应用较多，但其信号处理较复杂，使用环境也受到限制。

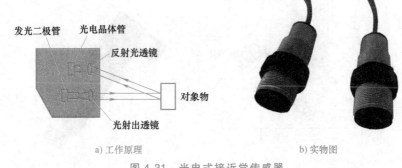

a) 工作原理　　　　　　　　　　　b) 实物图

图 4-31　光电式接近觉传感器

3. 电容式接近觉传感器

电容式接近觉传感器可检测任何固体和液体材料，外界物体靠近时这种传感器会引起电容量的变化，由此反映距离信息。如图 4-32 所示，电容式接近觉传感器本身作为一个极板，被接近物作为另一个极板，将该电容接入电桥电路或 RC 振荡电路，利用电容极板距离的变化引起电容量的变化，可检测出与被接近物的距离。电容式接近觉传感器对物体的颜色、构造和表面都不敏感且实时性好。

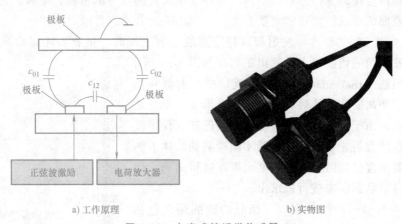

a) 工作原理　　　　　　　　　　　b) 实物图

图 4-32　电容式接近觉传感器

4. 气压式接近觉传感器

由气压式接近觉传感器中一根细的喷嘴喷出气流，如果喷嘴靠近物体，则内部压力发生变化，这一变化可用压力计测量出来。只要物体存在，通过检测反作用力的方法可以检测气体喷流时的压力大小。如图 4-33 所示，在该机构中，气源送出一定压力 p 的气流，离物体的距离 x 越小，气流喷出的面积越窄小，气缸内的压力 p 则增大。如果事先求出距离和压力的关系，即可根据压力 p 测定距离。它可用于检测非金属物体，适用于测量微小间隙。

5. 超声波接近觉传感器

超声波是指频率在 20kHz 以上的电磁波，超声波的方向性较好，可定向传播。超声波接近觉传感器适用于较远距离和较大物体的测量，与感应式和光电式接近觉传感器不同，这种传感器对物体材料和表面的依赖性较低，在机器人导航和避障中应用十分广泛。超声波接近觉传感器是由发射器和接收器构成的，几乎所有超声波接近觉传感器的发射器和接收器都

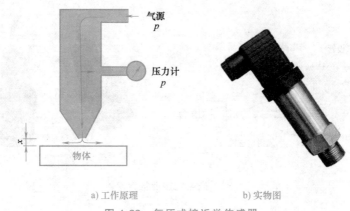

a) 工作原理　　　　　　　　b) 实物图

图 4-33　气压式接近觉传感器

是利用压电效应制成的。

4.3.4　距离传感器

1. 距离传感器的原理

距离传感器与接近觉传感器的不同之处在于距离传感器可测量较长距离，它可以探测障碍物和物体表面的形状。常用的测量方法是三角测距法和测量传输时间法。

（1）三角测距法的原理　发射器以特定角度发射光线时，接收器才能检测到物体上的光斑，利用发射角的角度可以计算出距离，如图 4-34 所示。

三角测距法（triangulation-based）就是把发射器和接收器按照一定距离安装，然后与被探测的点形成一个三角形的三个顶点，由于发射器和接收器的距离已知，仅当发射器以特定角度发射光线时，接收器才能检测到物体上的光斑，当发射角度已知时，反射角度也可以被检测到，因此检测点到发射器的距离就可以求出。

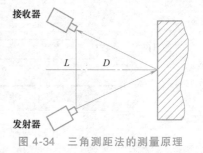

图 4-34　三角测距法的测量原理

（2）测量传输时间法的原理　信号传输的距离包括从发射器到物体和被物体反射到接收器两部分。传感器与物体之间的距离也就是信号传输距离的一半，如果传输速度已知，通过测量信号的传输时间即可计算出与物体的距离。

2. 超声波距离传感器

超声波是由机械振动产生的，可以在不同的介质中以不同的速度传播，其频率高于 20kHz。由于超声波指向性强、能量消耗缓慢且在介质中传播的距离较远，因而超声波经常用于距离的测量，如测距仪和物位测量仪等都可以通过超声波来实现。利用超声波检测具有检测迅速、设计方便、计算简单、易于实时控制、测量精度较高的特点，因此在移动机器人的研制上得到了广泛的应用。

超声波距离传感器是由发射器和接收器构成的，几乎所有超声波距离传感器的发射器和接收器都是利用压电效应制成的。

超声波距离传感器的检测方式有脉冲回波式和频率调制连续波式（FW-CW）两种。

（1）脉冲回波式　脉冲回波式又叫作时间差测距法。在时间差测距法测量中，先将超声波用脉冲调制后向某一方向发射，根据经被测物体反射回来的回波延迟时间 Δt，计算出被测物体的距离 S。假设空气中的声速为 v，则被测物与传感器间的距离 S 为

$$S = v\frac{\Delta t}{2} \tag{4-4}$$

（2）频率调制连续波式　频率调制连续波式是利用连续波对超声波信号进行调制，将由被测物体反射延迟时间 Δt 后得到的接收波信号与发射波信号相乘，仅取出其中的低频信号就可以得到与距离 S 成正比的差频信号 f_r。设调制信号的频率为 f_m，调制频率的带宽为 Δf，超声波在介质中的传播速度为 v，则可求得与被测物体的距离 S 为

$$S = \frac{f_r v}{4f_m \Delta f} \tag{4-5}$$

3. 激光距离传感器

激光距离传感器是利用激光二极管对准被测目标发射激光脉冲，经被测目标反射后向各方向散射，部分散射光返回传感器接收器，被光学系统接收后成像到雪崩光敏二极管上。雪崩光敏二极管是一种内部具有放大功能的光学传感器，因此它能检测极其微弱的光信号。记录并处理从光脉冲发出到返回被接收所经历的时间，即可测出目标距离。

4. 红外距离传感器

红外距离传感器是用红外线作为测量介质的测量系统，主要功能包括辐射计、搜索和跟踪系统、热成像系统、红外测距和通信系统、混合系统五类。辐射计用于辐射和光谱测量；搜索和跟踪系统用于搜索和跟踪红外目标，确定其空间位置并对它的运动进行跟踪；热成像系统可产生整个目标红外辐射的分布图像；红外测距和通信系统就是传感器发射出一束红外光，照射到物体后形成一个反射的过程，反射到传感器后接收信号；混合系统是指以上各类系统中的两个或者多个的组合。

红外距离传感器按探测机理可分成光子探测器和热探测器。红外距离传感器的原理基于红外光，采用直接延迟时间测量法、间接幅值调制法和三角测距法等方法测量到物体的距离。

红外距离传感器具有一对红外信号发射与接收二极管，利用红外距离传感器发射出一束红外光，在照射到物体后形成一个反射的过程，反射到传感器后接收信号，然后利用处理发射与接收的时间差数据，经信号处理器处理后计算出物体的距离。它不仅可以用于自然表面，也可以加反射板，测量距离远，具有很高的频率响应，能适应恶劣的工业环境。当作为红外式接近传感器使用时，其特点在于发送器与接收器尺寸都很小，可以方便地安装于机器人的末端执行器，容易检测出工作空间内某物体存在与否，但作为距离的测量仪器仍有很复杂的问题。

4.3.5　其他传感器

1. 听觉传感器

听觉传感器主要用于感受和解释在气体（非接触式感受）、液体或固体（接触式感受）中的声波，可完成简单的声波存在检测、复杂的声波频率分析以及对连续自然语言中单独语音和词汇的辨识。

可把人工语音感觉技术用于机器人。在工业环境中，机器人能感觉某些声音是有用的，

有些声音（如爆炸）可能意味着危险，另一些声音（如叫声）可能用作命令。声音识别系统已越来越多地获得应用。

（1）特定人的语音识别系统　特定人语音的识别方法是将事先指定的人的声音中的每一个字音的特征矩阵存储起来，形成一个标准模板，然后再进行匹配。它首先要记忆一个或几个语音特征，而且被指定人讲话的内容也必须是事先规定好的有限的几句话。特定人语音识别系统可以识别讲话的人是否事先指定的人，讲的是哪一句话。

（2）非特定人的语音识别系统　非特定人的语音识别系统大致可以分为语言识别系统、单词识别系统及数字音（0~9）识别系统。非特定人的语音识别方法则需要对一组有代表性的人的语音进行训练，找出同一词音的共性，这种训练往往是开放式的，能对系统进行不断的修正。在系统工作时，将接收到的声音信号用同样的办法求出它们的特征矩阵，再与标准模式相比较，看它与哪个模板相同或相近，从而识别该信号的含义。

2. 味觉传感器

味觉是指酸、咸、甜、苦、鲜等人类味觉器官的感觉。酸味是由氢离子引起的，比如盐酸、柠檬酸；咸味主要是由 NaCl 引起的；甜味主要是由蔗糖、葡萄糖等引起的；苦味是由奎宁、咖啡因等引起的；鲜味是由海藻中的谷氨酸钠、鱼和肉中的肌苷酸二钠、蘑菇中的鸟苷酸二钠等引起的。

在人类的味觉系统中，舌头表面味蕾上味觉细胞的生物膜可以感受味觉。味觉物质被转换为电信号，经神经纤维传至大脑。味觉传感器与传统的只检测某种特殊的化学物质的化学传感器不同。目前，某些传感器可以实现对味觉的敏感，如 pH 计可以用于酸度检测，导电计可用于碱度检测，比重计或屈光度计可用于甜度检测等，但这些传感器只能检测味觉溶液的某些物理、化学特性，并不能模拟实际的生物味觉敏感功能，测量的物理值要受到非味觉物质的影响。此外，这些物理特性还不能反映各味觉之间的关系（如抑制效应等）。

实现味觉传感器的一种有效方法是使用类似于生物系统的材料做传感器的敏感膜，电子舌用类脂膜作为味觉传感器，它能够以类似人的味觉感受方式检测味觉物质。从不同的机理看，味觉传感器采用的技术原理大致分为多通道类脂膜技术、基于表面等离子体共振技术、表面光伏电压技术等。味觉识别模式已由最初的神经网络模式发展到混沌识别。混沌是一种遵循一定非线性规律的随机运动，它对初始条件敏感，混沌识别具有很高的灵敏度，因此应用越来越广。目前，较典型的电子舌系统有新型味觉传感器芯片和 SH-SAW 味觉传感器。

3. 嗅觉传感器

对于人类而言，无须任何其他器官，凭嗅觉就能区分许多物体和现象。嗅觉在帮助人们辨识那些看不见或者隐藏的东西，如气体。嗅觉传感器主要用于检测空气中的化学成分、浓度等，主要采用气体传感器及射线传感器等。目前，主要采用三种方法实现机器人的嗅觉功能：

1）在机器人上安装单个或者多个气体传感器，再配置相应处理电路实现嗅觉功能。

2）研究者自行研制简易的嗅觉装置。

3）采用商业的电子鼻产品，如 A Loutfi 用机器人进行的气味识别研究。

4. 温度传感器

温度传感器有接触式和非接触式两种，均可用于工业机器人。当机器人自主运行时，或工作场合需要准确测量温度信号时，可采用温度传感器进行温度检测。两种常用的温度传感器为热敏电阻和热电偶，这两种传感器必须和被测物体保持实际接触才能工作。热敏电阻的阻值与温度成正比变化，热电偶能够产生一个与两温度差成正比的小电压。

5. 触须传感器

触须传感器由须状触头及其检测部分构成，触头由具有一定长度的柔性软条丝构成，它与物体接触所产生的弯曲由在根部的检测单元检测。与昆虫触角的功能一样，触须传感器的功能是识别接近的物体，用于确认所设定动作的结束，以及根据接触发出回避动作的指令或搜索对象物体的存在。

4.4　工业机器人传感器应用案例

本节导入

工业机器人中传感器的作用日益重要，除采用传统的位置、速度、加速度等传感器外，装配、焊接机器人还应用了视觉、力传感器等。多传感器融合技术在机器人传感系统中已经得到应用。本节内容我们就来学习工业机器人传感器的应用案例。

本节思维导图

4.4.1　焊接机器人的传感系统

焊接机器人根据应用场合不同可分为点焊机器人、弧焊机器人和其他焊接机器人。点焊机器人和弧焊机器人都需要利用位置传感器和速度传感器进行控制。工作中，弧焊机器人的焊枪保持一定的角度始终指向焊缝，所以弧焊机器人要求运动轨迹精准；而点焊机器人一般实现点到点的运动，一台机器人要进行多点焊接，对运动轨迹要求不高，但要求路径优化，运动过程快速、平稳。

焊接机器人中的位置传感器主要采用光电式增量码盘，也可采用较精密的电位器。按照现在的制造水平，光电式增量码盘具有较高的检测精度和较高的可靠性，但价格昂贵。速度传感器主要采用测速发电机，其中交流测速发电机的线性度比较高，且正向与反向输出特性比较对称，比直流测速发电机更适合弧焊机器人使用。为了检测点焊机器人与待焊工件的接近情况，控制点焊机器人的运动速度，点焊机器人还需要装备接近觉传感器。如前所述，弧焊机器人对传感器有一个特殊要求，需要采用传感器使焊枪沿焊缝自动定位，并自动跟踪焊缝，能完成这一功能的常见传感器有触觉传感器、位置传感器和视觉传感器。

焊接机器人必须利用传感器精确地检测出焊缝（坡口）的位置和形状信息，然后传送给控制器进行处理。随着大规模集成电路、半导体技术、光纤及激光的迅速发展，促进了焊接技术向自动化、智能化方向发展，并出现了多种用于焊缝跟踪的传感器，它们主要是检测电磁、机械、发光强度等各物理量的传感器。在电弧焊接过程中，存在着强烈的弧光、电磁干扰以及高温辐射、烟尘、飞溅等，焊接过程伴随着传热传质和物理化学冶金反应，工件会产生热变形，因此用于电弧焊接的传感器必须具有很强的抗干扰能力。

弧焊用传感器可分为直接电弧式、接触式和非接触式三大类，按工作原理可分为机械、机电、电磁、电容、射流、超声波、红外、光电、激光、视觉、电弧、光谱及光纤式等，按用途可分为焊缝跟踪、焊接条件控制（熔宽、熔深、熔透、成形面积、焊速、冷却速度和干伸长）及其他（如温度分布、等离子体粒子密度、熔池行为）等。据日本焊接技术学会所做的调查显示，在日本、欧洲国家及其他发达国家，用于焊接过程的传感器有 80% 是用于焊缝跟踪的。目前，我国用得较多的是电弧式、机械式和光电式。图 4-35 所示为弧焊机器人的传感系统。

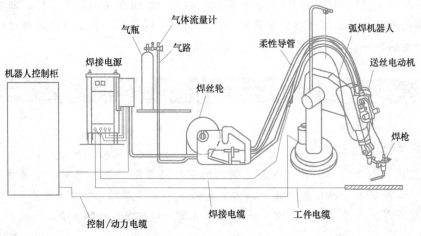

图 4-35　弧焊机器人的传感系统

1. 电弧传感系统

（1）摆动电弧传感器　电弧传感器从焊接电弧自身直接提取焊缝位置偏差信号，实时性好，不需要在焊枪上附加任何装置，焊枪运动的灵活性和可达性最好，尤其符合焊接过程低成本自动化的要求。电弧传感器的基本工作原理是：当电弧位置变化时，电弧自身电参数相应发生变化，从中反映出焊枪导电嘴至工件坡口表面距离的变化量，进而根据电弧的摆动形式及焊枪与工件的相对位置关系，推导出焊枪与焊缝间的相对位置偏差量。电参数的静态变化和动态变化都可以作为特征信号被提取出来，实现高低及水平两个方向的跟踪控制。

目前，广泛采用测量焊接电流 I、电弧电压 U 和送丝速度 v 的方法来计算工件与焊丝之间的距离 H，$H=f(I, U, v)$，并应用模糊控制技术实现焊缝跟踪。电弧传感器结构简单、响应速度快，主要适用于对称侧壁的坡口（如 V 形坡口），而对于无对称侧壁或根本就无侧壁的接头形式，如搭接接头、不开坡口的紧密对接接头等形式，现有的电弧传感器则不能识别。

（2）旋转电弧传感器　摆动电弧传感器的摆动频率一般只能达到 5Hz，限制了电弧传感器在高速和薄板搭接接头焊接中的应用。与摆动电弧传感器相比，旋转电弧传感器的高速旋转增加了焊枪位置偏差的检测灵敏度，极大地改善了跟踪的精度。

高速旋转扫描电弧传感器的结构如图 4-36 所示，采用空心轴电动机直接驱动，在空心轴上通过同轴安装的同心轴承支承导电杆。在空心轴的下端偏心安装调心轴承，导电杆安装于该轴承内孔中，偏心量由滑块调节。当电动机转动时，下调心轴承将拨动导电杆作为圆锥母线绕电动机轴线做公转（即圆锥摆动）。气、水管线直接连接到下端，焊丝连接到导电杆的上端。电弧扫描测位传感器为递进式光电码盘，利用分度脉冲进行电动机转速的闭环控制。

在弧焊机器人的第六个关节上，安装一个焊炬夹持件，将原来的焊炬卸下，把高速旋转扫描电弧传感器安装在焊炬夹持件上。焊缝纠偏系统如图 4-37 所示，高速旋转扫描电弧传感器的安装姿态与原来的焊炬姿态一样，即焊丝端点的参考点的位置及角度保持不变。

（3）电弧传感器的信号处理　电弧传感的信号处理主要采用极值比较法和积分差值法，在比较理想的条件下可得到满意的结果，但在非 V 形坡口及非射流过渡焊时，坡口识别能力差，信噪比低，应用遇到很大困难。为进一步扩大电弧传感器的应用范围、提高其可靠性，在建立传感器物理数学模型的基础上，利用数值仿真技术，采取空间变换，用特征谐波的向量作为偏差量的大小及方向的判据。

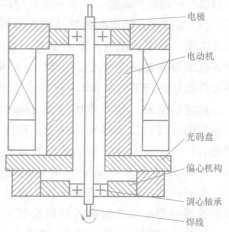

图 4-36　高速旋转扫描电弧传感器的结构

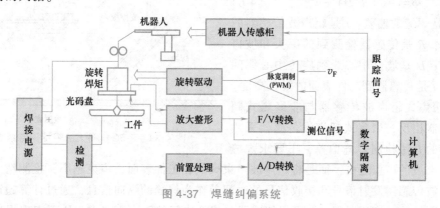

图 4-37　焊缝纠偏系统

2. 超声波传感跟踪系统

超声波传感跟踪系统中使用的超声波传感器分为接触式超声波传感器和非接触式超声波传感器两种类型。

（1）接触式超声波传感器　接触式超声波传感跟踪系统的原理如图 4-38 所示，两个超声波探头置于焊缝两侧，距焊缝距离相等。两个超声波传感器同时发出具有相同性质的超声波，根据接收超声波的声程来控制焊接熔深，比较两个超声波的回波信号，确定焊缝的偏离方向和大小。

（2）非接触式超声波传感器　非接触式超声波传感跟踪系统中使用的超声波传感器分为聚焦式和非聚焦式，两种传感器的焊缝识别方法不同。聚焦式超声波传感器是在焊缝上方以左

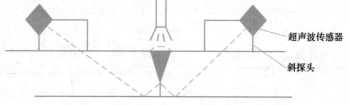

图 4-38　接触式超声波传感器跟踪系统的原理

右扫描的方式检测焊缝，而非聚焦式超声波传感器是在焊枪前方以旋转的方式检测焊缝。

1）非聚焦式超声波传感器要求焊接工件能在 45°方向反射回波信号，焊缝的偏差在超声波声束的覆盖范围内，适用于 V 形坡口焊缝和搭接接头焊缝。图 4-39 所示为 P-50 机器人的焊缝跟踪装置，超声波传感器位于焊枪前方的焊缝上面，沿垂直于焊缝的轴线旋转，超声波传感器始终与工件呈 45°，旋转轴的中心线与超声波声束中心线交于工件表面。

焊缝偏差的几何示意图如图 4-40 所示，传感器的旋转轴位于焊枪正前方，代表焊枪的即时位置。超声波传感器在旋转过程中总有一个时刻超声波声束处于坡口的法线方向，此时传感器的回波信号最强，且传感器及其旋转的中心轴线组成的平面恰好垂直于焊缝方向。焊缝的偏差可以表示为

$$\delta = r - \sqrt{(R-D)^2 - h^2} \qquad (4-6)$$

式中，δ 是焊缝的偏差；r 是超声波传感器的旋转半径；R 是传感器检测到的探头和坡口间的距离；D 是坡口中心线到旋转中心线间的距离；h 是传感器到工件表面的垂直高度。

2）聚焦式超声波传感器与非聚焦式超声波传感器相反，聚焦式超声波传感器采用扫描焊缝的方法检测焊缝偏差，不要求焊缝笼罩在超声波的声束之内，而是将超声波声束聚焦在工件表面，声束越小，检测精度越高。

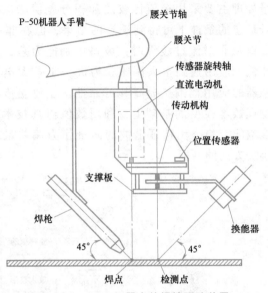

图 4-39　P-50 机器人的焊缝跟踪装置

超声波传感器发射信号和接收信号的时间差作为焊缝的纵向信息，通过计算超声波由传感器发射到接收的声程时间 t_s，可得传感器与焊件之间的垂直距离 H，从而实现焊枪与工件高度之间距离的检测。焊缝左右偏差的检测，通常采用寻棱边法，其基本原理是：在超声波声程检测原理基础上，利用超声波反射原理进行检测信号的判别和处理，当声波遇到工件时会发生反射，声波入射到工件坡口表面时，由于坡口表面与入射波的角度不是 90°，因此其反射波就很难返回到传感器，即传感器接收不到回波信号，利用声波这一特性，可判别是否检测到了焊缝坡口的边缘。焊缝左右偏差检测的原理如图 4-41 所示。

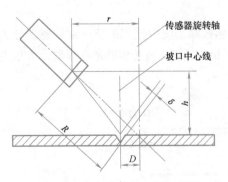

图 4-40　焊缝偏差的几何示意图

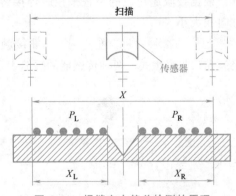

图 4-41　焊缝左右偏差检测的原理

假设传感器从左向右进行扫描，在扫描过程中可以检测到一系列传感器与焊件表面之间的垂直高度。假设 H_i 为传感器扫描过程中测得的第 i 点的垂直高度，H_0 为允许偏差，如果满足

$$|H_i - H_0| < \Delta H \tag{4-7}$$

则得到焊道坡口左边钢板平面的信息。当传感器扫描到焊缝坡口左棱边时，会出现两种情况。第一种情况，传感器检测不到垂直高度 H，这是因为对接 V 形坡口斜面把超声波回波信号反射出探头所能检测的范围；第二种情况，该点高度偏差大于允许偏差，即

$$|\Delta y| - |H - H_0| \geq \Delta H \tag{4-8}$$

若连续 D 个点没有检测到垂直高度或满足式（4-8），则说明检测到了焊道的左侧棱边。在此之前传感器在焊缝左侧共检测到 P_L 个超声波回波。当传感器扫描到焊缝坡口右边工件表面时，超声波传感器又接收到回波信号或者检测高度的偏差满足式（4-8），并且有连续 D 个检测点满足此要求，则说明传感器已检测到焊缝坡口右侧钢板。假设 H_j 为传感器扫描过程中测得的第 j 点的垂直高度，H_0 为允许偏差。如果满足式（4-9），则得到焊道坡口右边钢板平面的信息，即

$$|\Delta y| - |H_j - H_0| \leq \Delta H \tag{4-9}$$

式中，H_j 是传感器扫描过程中测得的第 i 点的垂直高度。

当传感器扫描到右边终点时，采集到的右侧水平方向的检测点共 P_R 个。根据 P_L、P_R 即可算出焊炬的横向偏差方向及大小，控制、调节系统根据检测到的横向偏差的大小、方向进行纠偏调整。

3. 视觉传感跟踪系统

视觉是观察焊缝或熔池最直接、最有效的手段。有经验的焊工在进行焊条电弧焊作业时，大部分信息来自于视觉。对于自动化焊接，视觉传感器能带来最丰富的焊缝信息。机器人焊接视觉传感技术包括机器人初始焊接位置定位导引、焊缝跟踪、工件接头识别、熔池几何形状实时传感、熔滴过渡形式检测、焊接电弧行为检测等。

在弧焊过程中，存在弧光、电弧热、飞溅以及烟雾等多种强烈的干扰，这是使用任何视觉传感方法首先需要解决的问题。在弧焊机器人中，根据使用的照明光的不同，可以把视觉方法分为被动视觉和主动视觉两种。被动视觉是指利用弧光或普通光源和摄像机组成的系统，而主动视觉一般是指使用具有特定结构的光源与摄像机组成的视觉传感系统。

（1）被动视觉　在大部分被动视觉方法中，电弧本身就是监测位置，所以没有因热变形等因素所引起的超前检测误差，并且能够获取接头和熔池的大量信息，这对于焊接质量自适应控制非常有利。但是，直接观测法容易受到电弧的严重干扰，信息的真实性和准确性有待提高。被动视觉较难获取接头的三维信息，也不适用于埋弧焊。

（2）主动视觉　为了获取接头的三维轮廓，人们研究了基于三角测量原理的主动视觉方法。由于采用的光源能量大都比电弧能量小，一般把这种传感器安装在焊枪前面以避开弧光直射的干扰。主动光源一般为单光面或多光面的激光或扫描的激光束，简单起见，分别称为结构光法和激光扫描法。由于光源是可控的，所获取的图像受环境干扰可滤掉，真实性好，图像的低层处理稳定、简单、实时性好。

1）结构光视觉传感器。目前，激光结构光的传感器应用较为成熟，可用于检测坡口信息、焊缝轮廓和焊枪高度等。图 4-42 所示为焊枪一体式的结构光视觉传感器结构。激光束

经过柱面镜形成单条纹结构光。由于 CCD 摄像机与焊枪保持合适的位置关系，避开了电弧光直射的干扰。由于结构光法中的敏感器件都是面型的，实际应用中所遇到的问题主要是：当结构光照射在经过钢丝刷去除氧化膜或磨削过的铝板或其他金属板表面时，会产生强烈的二次反射，这些光也成像在敏感器件上，往往会使后续的处理失败。另一个问题是投射光纹的发光强度分布不均匀，由于获取的图像质量需要经过较为复杂的后续处理，精度也会降低。

2）激光扫描视觉传感器。同结构光方法相比，激光扫描方法中光束集中于一点，因而信噪比要大得多。目前，用于激光扫描三角测量的敏感器件主要有二维面型 PSD、线型 PSD 和 CCD。图 4-43 为面型 PSD 位置传感器与激光扫描器组成的接头跟踪传感器的结构原理图。采用转镜进行扫描，扫描速度较高。通过测量电动机的转角，增加了一维信息，可以测量出接头的轮廓尺寸。

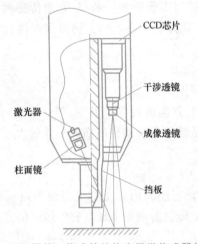

图 4-42　焊枪一体式的结构光视觉传感器结构

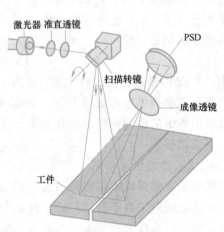

图 4-43　接头跟踪传感器的结构原理图

4.4.2　机器人手爪多传感器系统

机器人手爪是机器人执行精巧和复杂任务的重要组成部分。机器人为了能够在存在着不确定性的环境下进行灵巧的操作，其手爪必须具有很强的感知能力，手爪通过传感器来获得环境的信息，以实现快速、准确、柔顺地触摸、抓取、操作工件或装配件等。

机器人手爪配置的传感器主要包括视觉传感器、接近觉传感器、力/力矩传感器、位置/姿态传感器、速度/加速度传感器、温度传感器及触觉/滑觉传感器等。

美国的 Luo 和 Lin 在由 PUM1A560 机器手臂控制的夹持型手爪的基础上提出了视觉、接近觉、触觉、位置、力/力矩及滑觉等多传感器信息集成的手爪。机器人手爪配置多个传感器，感知信息中存在着内在的联系。若对不同传感器采用单独孤立的处理方式将割断信息之间的内在联系，丢失信息有机组合后所蕴含的信息；同时，凭单个传感器的信息判断得出的决策可能是不全面的。因此，采用多传感器信息融合方法是提高机器人操作能力和保持其安全的一条有效途径。

1. 手爪传感系统

Luo 和 Lin 开发的手爪多传感器集成系统如图 4-44 所示，系统获取信息的四个阶段如图

4-45 所示。

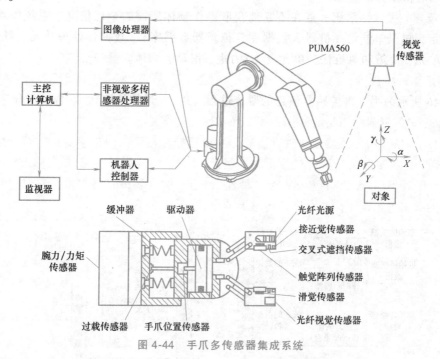

图 4-44　手爪多传感器集成系统

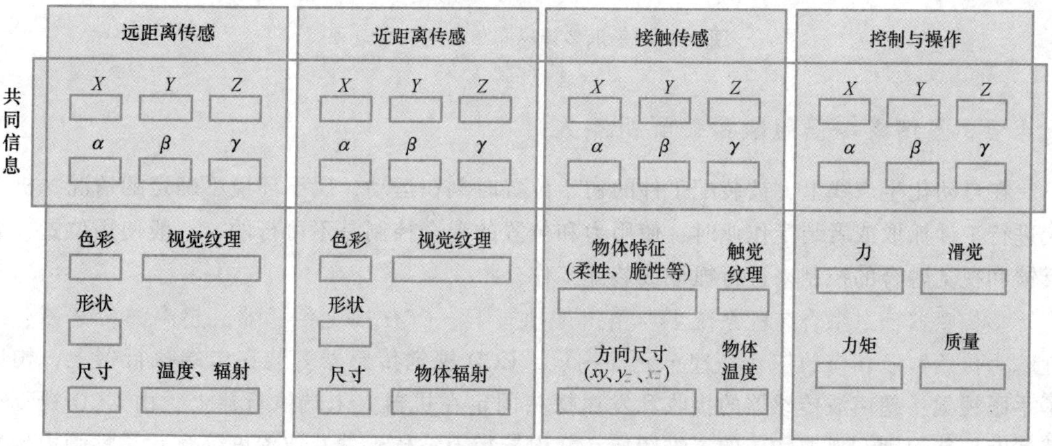

远距离传感			近距离传感			接触传感			控制与操作		
X	Y	Z	X	Y	Z	X	Y	Z	X	Y	Z
α	β	γ	α	β	γ	α	β	γ	α	β	γ

共同信息

| 色彩　视觉纹理
形状
尺寸　温度、辐射 | 色彩　视觉纹理
形状
尺寸　物体辐射 | 物体特征
(柔性、脆性等)　触觉纹理
方向尺寸
(xy、yz、xz)　物体温度 | 力　滑觉
力矩　质量 |

图 4-45　系统获取信息的四个阶段

（1）远距离传感　获取远距离场景中的有用信息，包括位置、姿态、视觉纹理、颜色、形状、尺度等物体特征信息以及环境温度和辐射水平。为了完成这一任务，系统包含有温度传感器和全局视觉传感器及距离传感器等。

（2）近距离传感　近距离传感将进一步完成位置、姿态、颜色、辐射、视觉纹理信息的测量，以便更新第一阶段的同类信息。系统包含有各种接近觉传感器、视觉传感器、角度编码器等。

（3）接触传感　当距离物体十分近时，上述传感器无法使用，此时通过触觉传感器获取物体的位置和姿态信息以便进一步证实第二阶段信息的准确性，通过接触传感可以得到更精确、详细的物体特征信息。

（4）控制与操作　系统一直在不断地获取操作物体所需的全部信息，系统模块包括数据获取单元、知识库单元（机器人数据库、传感器数据库）、数据预处理单元、补偿单元、数据处理单元、决策和执行任务单元（力/力矩、滑动、物体质量等）。

2. 手爪信息融合

图 4-46 所示为手爪多传感器信息的融合过程（Bayes 最佳估计），融合过程分为 3 步：

1）采集多传感器的原始数据，采用 Fisher 模型进行局部估计。

2）对统一格式的传感器数据进行比较，发现可能存在误差的传感器，进行置信距离测试，建立距离矩阵和相关矩阵，最后得到最接近、一致的传感器数据，并用图形表示。

3）运用贝叶斯模型进行全局估计（最佳估计），融合多传感器数据，同时对其他不确定的传感器数据进行误差检测，修正传感器的误差。

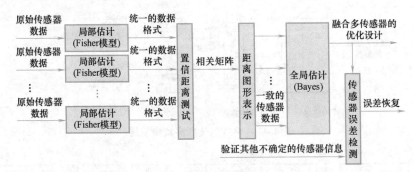

图 4-46　手爪多传感器信息的融合过程

4.4.3　多传感器信息融合装配机器人

在自动化生产线上，被装配工件的初始位置时刻在运动，属于环境不确定的情况。机器人进行工件抓取或者装配作业时，使用力和位置的混合控制是不可行的，一般使用位置、力反馈和视觉融合的控制来进行抓取或装配工作。

多传感器信息融合装配系统主要由末端执行器、CCD 视觉传感器、超声波传感器、柔性腕力传感器及相应的信号处理单元等构成。CCD 视觉传感器安装在末端执行器上，构成了手眼视觉；超声波传感器的接收和发送探头固定在机器人末端执行器上，由 CCD 视觉传感器获取待识别和抓取物体的二维图像，并引导超声波传感器获取深度信息；柔性腕力传感器安装于机器人的手腕。多传感器信息融合装配系统的结构图如图 4-47 所示。

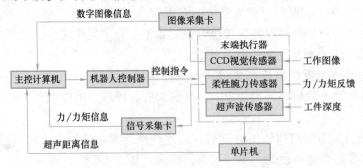

图 4-47　多传感器信息融合装配系统的结构

图像处理主要完成对物体外形的准确描述，包括图像边缘提取、周线跟踪、特征点提取、曲线分割及分段匹配、图形描述与识别。CCD 视觉传感器获取的物体图像经过处理后，可提取对象的某些特征，如物体的形心坐标、面积、曲率、边缘、角点及短轴方向等，根据这些特征信息，可得到对物体形状的基本描述。

由于 CCD 视觉传感器获取的图像不能反映工件的深度信息，因此，对于二维图形相同仅高度略有差异的工件，只用视觉信息是不能正确识别的。在图像处理的基础上，由视觉信息引导超声波传感器对待测点的深度进行测量，获取物体的深度（高度）信息，或沿工件待测面移动，超声波传感器不断采集距离信息，扫描得到距离曲线，根据距离曲线分析工件的边缘或外形。计算机将视觉信息和深度信息融合推理后，进行图像匹配、识别，并控制机械手以合适的位姿准确地抓取物体。

安装在机器人末端执行器上的超声波传感器由发射和接收探头构成，根据声波反射的原理，检测由待测点反射回的声波信号，经处理后得到工件的深度信息。为了提高检测精度，在接收单元电路中采用可变阈值检测、峰值检测、温度补偿和相位补偿等技术，可获得较高的检测精度。

柔性腕力传感器测试末端执行器所受力（力矩）的大小和方向，从而确定末端执行器的运动方向。

4.5　本章小结

本章学习了有关工业机器人传感器的相关知识，包括传感器的介绍、特性、分类及要求；学习了机器人内部传感器和外部传感器的组成；最后，结合了工业机器人传感器的应用实例，进一步对不同传感器的应用有了更深刻的学习。

为了检测作业对象及环境或机器人与它们的关系，本章讲述了三个工业机器人传感器应用实例。通过在机器人上安装了力传感器、触觉传感器、接近觉传感器、滑觉传感器、视觉传感器甚至是味觉传感器、嗅觉传感器等，大大改善了机器人的工作状况，使其能够更充分地完成复杂的工作。综上，在机器人的应用中传感器是非常重要的。

📖 思维导图

扫码查看本章高清思维导图全图

 思考与练习

一、选择题

1. 用于确定机器人在其自身坐标系内的姿态位置，完成机器人运动控制（驱动系统及执行机械）所必需的传感器是（　　　）。

    A. 外部传感器　　　　　B. 内部传感器　　　　　C. 接触式传感器　　　　　D. 非接触式传感器

2. 在实际应用中，使用最多的旋转角度传感器是（　　）。

    A. 旋转编码器　　　　　B. 电容式传感器　　　　C. 电阻式传感器　　　　D. 电位计式传感器

3. 主要用于检测机械转速，能把机械转速转换为电信号的是（　　）。

    A. 位移传感器　　　　　B. 速度传感器　　　　　C. 测速发电机　　　　　D. 旋转编码器

4. 对机器人的指、肢和关节等运动中所受力的感知，用于感知夹持物体状态的是（　　）。

    A. 触觉　　　　　　　　B. 接近觉　　　　　　　C. 感觉　　　　　　　　D. 力觉

5. 以下不属于传感器静态特性主要指标的是（　　）。

    A. 线性度　　　　　　　B. 灵敏度　　　　　　　C. 迟滞　　　　　　　　D. 频率响应函数

二、判断题

1. 机器人视觉与文字识别或图像识别的区别在于：机器人视觉系统一般需要处理三维图像，不仅需要了解物体的大小、形状，还要知道物体之间的关系。（　　）

2. 机器人触觉可分为接触觉、接近觉、压觉、滑觉和力觉五种。（　　）

3. 位置传感器和速度传感器是工业机器人最起码的感觉要求，没有它们机器人将不能正常工作。（　　）

4. 超声波传感器发射超声波脉冲信号，测量回波的返回时间可得到物体表面的距离。如果安装多个接收器，根据相位差无法得到物体表面的倾斜状态信息。（　　）

三、问答题

1. 什么是传感器？传感器由几部分组成？各自的作用是什么？

2. 传感器的静态特性是什么？

3. 传感器的动态特性是什么？

4. 请列举一些非接触式传感器。

5. 内部传感器有哪些？请举例说明它们的实际应用。

6. 外部传感器有哪些？请举例说明它们的实际应用。

7. 机器人视觉的作用是什么？

8. 机器人视觉可以分为哪三个部分？

9. 工业机器人视觉系统的基本原理是什么？

10. 传感器可以如何分类？

11. 传感器的一般要求是什么？

12. 传感器的选择要求有哪些？

13. 工业机器人的视觉系统由哪些部分组成？各部分有什么作用？

14. 工业机器人的触觉传感器有哪些？试举例说明触觉传感器的应用。

15. 具有多感受传感系统的智能机器人一般由哪些部分组成？试举例说明。

16. 试举例说明工业机器人的位置及位移传感器有哪些，并说明各自的特点。

四、计算分析题

1. 假设检测角度精度为 0.1°，绝对型旋转编码器的码道个数是多少？

2. 假设检测角度精度为 0.1°，增量型旋转编码器的码道个数是多少？

扫码查看答案

第 **5** 章
工业机器人的控制系统

控制系统（控制器）是工业机器人的三大核心零部件之一，是工业机器人的大脑，控制系统的水平高低直接决定了机器人性能的优劣。因此，不管是 ABB、KUKA 等世界知名品牌工业机器人供应商，还是广州数控、新松、华中数控等国内工业机器人供应商，都把控制器的主导权掌握在自己手中。

5.1 工业机器人控制系统的功能、特点和结构组成

本节导入

工业机器人控制系统的功能具有共性特点，决定控制系统功能、性能的是控制系统平台的操作系统和应用软件的功能、性能。工业机器人的驱动系统是介于控制系统和被控轴之间的中间环节，也是影响工业机器人性能的重要部件。任何控制系统都具备相应的控制功能。针对工业机器人，我们要了解工业机器人控制系统的功能、特点、结构组成，了解当前主流工业机器人的控制系统分类、所采用的机器人操作系统开发平台，理解工业机器人驱动系统，并能分析出不同类型驱动系统的特点和优劣。

5.1.1 控制系统的功能

本节思维导图

机器人的控制系统是机器人的重要组成部分，用于对操作机的控制，以完成特定的工作任务，其基本功能如下。

（1）记忆功能 具备存储作业顺序、运动路径、运动方式、运动速度和与生产工艺有关的信息的功能。

（2）示教功能 具备离线编程、在线示教的功能。在线示教包括示教器和导引示教两种。

（3）与外围设备联系的功能 外围设备包括输入接口、输出接口、通信接口、网络接口和同步接口。

（4）坐标设置功能 有关节、绝对、工具、用户自定义等坐标系。

（5）人机接口 包括示教器、操作面板、显示屏。

（6）传感器接口 包括位置检测、视觉、触觉、力觉等。

（7）位置伺服功能 具备机器人多轴联动、运动控制、速度和加速度控制、动态补偿等功能。

（8）故障自诊断和安全保护功能　具备运行时系统状态监视、故障状态下的安全保护和故障自诊断功能。

5.1.2　控制系统的特点

机器人控制技术和传统机械系统的控制技术没有本质区别，但机器人控制系统也有许多特殊之处，具体如下：

（1）多关节联动控制　工业机器人为多关节联动控制，每个关节由一个伺服系统（一般配套有伺服驱动器、伺服电动机、减速器）控制，多个关节的运动要求各个伺服系统协同工作以实现联动控制。

（2）基于坐标变换的运动控制　工业机器人的工作任务要求机器人的手部进行空间点位运动或连续轨迹运动，其运动控制需要进行复杂的坐标变换运算以及矩阵函数的逆运算。

（3）复杂的数学模型　工业机器人的数学模型是一个多变量、非线性和变参数的复杂模型，各变量之间存在着耦合。因此，工业机器人的控制中经常使用前馈、补偿、解耦和自适应等复杂控制技术。

5.1.3　控制系统的结构组成

工业机器人的控制系统由控制计算机、示教编程器、操作面板等组成，如图5-1所示。

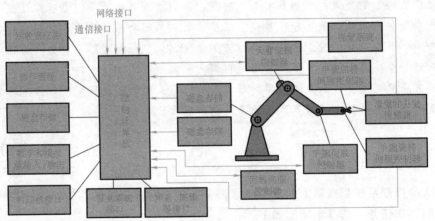

图 5-1　工业机器人控制系统的结构组成

（1）控制计算机　控制系统的调度指挥机构，一般为微型机，微处理器（CPU）分为32位、64位等，如奔腾系列CPU以及其他类型CPU。

（2）示教编程器　完成示教机器人的工作轨迹和参数设定以及所有人机交互操作，拥有自己独立的CPU以及存储单元，与主计算机之间以串行通信方式实现信息交互。

（3）操作面板　由各种操作按键、状态指示灯构成，只完成基本功能操作。

（4）磁盘存储　存储机器人工作程序的外围存储器。

（5）数字和模拟量输入/输出　各种状态和控制命令的输入或输出。

（6）打印机接口　记录需要输出的各种信息。

（7）传感器接口　用于信息的自动检测，实现机器人的柔顺控制，一般为力觉、触觉和视觉传感器。

（8）轴控制器　完成机器人各关节的位置、速度和加速度控制。

（9）辅助设备控制　用于和机器人配合的辅助设备控制，如手爪变位器等。

（10）通信接口　实现机器人和其他设备的信息交换，一般有串行接口、并行接口等。

（11）伺服控制器　也称为伺服驱动器，为中间环节。伺服驱动器和伺服电动机构成伺服控制系统，将伺服电动机的编码器的反馈连接到伺服驱动器，形成半闭环控制系统。

（12）网络接口

1）Ethernet 接口：可通过以太网实现数台或单台机器人的直接计算机通信，数据传输速率高达 10Mbit/s；可直接在计算机上用 Windows 库函数进行应用程序编程；支持 TCP/IP 通信协议，通过 Ethernet 接口将数据及程序装入各个机器人控制器中。

2）Fieldbus 接口：支持多种流行的现场总线规格，如 Device net、AB Remote I/O、Inter-bus-s、profibus-DP、M-NET 等。

5.1.4　工业机器人控制系统的分类

机器人控制系统的硬件结构按照其控制方式可分为三类。

1. 集中控制系统

集中控制系统用一台计算机实现全部控制功能，结构简单，成本低，但实时性差，难以扩展，在早期的机器人中常采用这种结构。基于计算机的集中控制系统里，充分利用了计算机资源开放性的特点，开放性好，多种控制卡、传感器设备等都可以通过标准 PCI 插槽或通过标准串口、并口集成到控制系统中。集中式控制系统的优点是：硬件成本较低，便于信息的采集和分析，易于实现系统的最优控制，整体性与协调性较好，基于计算机的系统硬件扩展较为方便。其缺点是：由于工业机器人控制涉及位置控制、速度控制、加速度控制、轨迹规划等各种数据，对实时性要求较高，集中控制系统在实时性方面存在缺陷。

2. 主从控制系统

主从控制系统采用主、从两级处理器实现系统的全部控制功能，主 CPU 实现管理、坐标变换、轨迹生成和系统自诊断等，从 CPU 实现所有关节的动作控制。主从控制系统实时性较好，适用于高精度、高速度控制，但其系统扩展性较差，维修困难。

3. 分散控制系统

分散控制系统是指按系统的性质和方式将系统控制分成几个模块，每一个模块各有不同的控制任务和控制策略，各模式之间可以是主从关系，也可以是平等关系。这种方式实时性好，易于实现高速、高精度控制，易于扩展，可实现智能控制，是目前流行的方式。该系统灵活性好，控制系统的危险性降低，采用多处理器的分散控制有利于系统功能的并行执行，提高了系统的处理效率，缩短了响应时间。分散控制系统的控制框图如图 5-2 所示。

两级分布式控制系统通常由上位机、下位机和网络组成。上位机可以进行不同的轨迹规划和控制算法，下位机进行插补细分、控制优化等的研究和实现。上位机和下位机通过通信总线相互协调工作，通信总线可以是 RS-232、RS-485、IEEE-488 以及 USB 总线等形式。现在，以太网和现场总线技术的发展为机器人提供了更快速、稳定、有效的通信服务。尤其是现场总线，它应用于生产现场、在微机化测量控制设备之间实现双向多结点数字通信，从而形成了新型的网络集成式全分布控制系统——现场总线控制系统（Filed bus Control System，FCS）。在工厂生产网络中，将可以通过现场总线连接的设备统称为现场设备。从系统论的

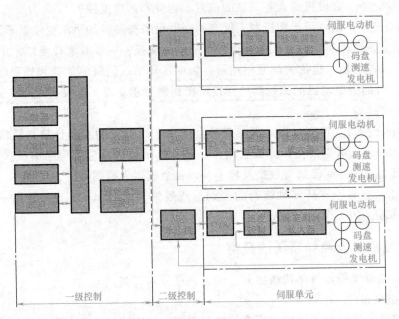

图 5-2　分散控制系统的控制框图

角度来说，工业机器人作为工厂的生产设备之一，也可归于现场设备。在机器人系统中引入现场总线技术后，更有利于机器人在工业生产环境中的集成。

分布式控制系统的优点在于：系统灵活性好，控制系统的危险性降低，采用多处理器的分散控制，有利于系统功能的并行执行，提高了系统的处理效率，缩短了响应时间。

对于具有多自由度的工业机器人而言，集中控制对各个控制轴之间的耦合关系处理得很好，可简单地进行补偿。但是，当轴的数量增加到使控制算法变得很复杂时，其控制性能会恶化。而且，当系统中轴的数量或控制算法变得很复杂时，可能会导致系统的重新设计。与之相比，分布式结构的每一个运动轴都由一个控制器处理，这意味着，系统有较少的轴间耦合和较高的系统重构性。

5.1.5　机器人操作系统

机器人操作系统是工业机器人控制系统的"软部分"，实质上都是采用了嵌入式实时操作系统（RTOS）。

1. VxWorks

VxWorks 操作系统是美国 Wind River（风河系统公司）于 1983 年设计开发的一种嵌入式实时操作系统，是 Tornado 嵌入式开发环境的关键组成部分。VxWorks 使用可裁剪微内核结构，具有高效的任务管理、灵活的任务间通信、微秒级的中断处理，支持多种物理介质及标准、完整的 TCP/IP 网络协议等。工业机器人是实时性要求极高的工业装备，ABB、KU-KA 等均选用 VxWorks 作为主控制器操作系统。

2. Windows CE

Windows CE 是美国微软公司推出的嵌入式实时操作系统，与 Windows 系列有较好的兼容性，无疑是 Windows CE 推广的一大优势。Windows CE 为建立针对掌上设备、无线设备的动态应用程序和服务提供了一种功能丰富的操作系统平台，它能在多种处理器体系结构上运行，并且通常适用于那些对内存占用空间具有一定限制的设备。相比于 VxWorks，Windows CE 实质上是软实时操作系统，但其丰富的开发资源对于在示教器等开发上具有较好的优势，如 ABB 等公司采用 Windows CE 开发示教器系统。

3. 嵌入式 Linux

由于嵌入式 Linux 源代码公开，因此人们可以任意修改，以满足自己的应用。其中大部分都遵从 GPL，是开放源代码和免费的，可以稍加修改后应用于用户自己的系统；有庞大的开发人员群体，无须专门的人才，只要懂 Unix/Linux 和 C 语言即可；支持的硬件数量庞大。嵌入式 Linux 和普通 Linux 并无本质区别，计算机上用到的硬件嵌入式 Linux 几乎都支持，而且各种硬件的驱动程序源代码都可以得到，为用户编写自己专有硬件的驱动程序带来很大方便。众多中小型机器人公司和科研院所选择嵌入式 Linux 作为机器人操作系统。

4. μC/OS-Ⅱ

μC/OS-Ⅱ是著名的源代码公开的实时内核，是专为嵌入式应用设计的，可用于 8 位、16 位和 32 位单片机或数字信号处理器（DSP）。它的主要特点是公开源代码、可移植性好、可固化、可裁剪性、占先式内核、可确定性等。该系统在教学机器人、服务机器人、工业机器人科研等领域得到较多的应用。

5.1.6　工业机器人的驱动系统

严格意义上来说，工业机器人的驱动系统并不属于狭义的工业机器人控制系统范畴，但由于驱动系统和控制系统密切相关，是控制系统的被控对象，为了编写的方便，在本章进行阐述。工业机器人的驱动系统是直接驱使各运动部件动作的机构，对工业机器人的性能和功能影响很大。工业机器人的驱动方式主要有液压式、气动式和电动式。

1. 液压驱动

机器人的液压驱动是以有压力的油液作为传递的工作介质，实现机器人的动力传递和控制。电动机带动液压泵输出液压油，将电动机供给的机械能转换成油液的压力能，液压油经过管道及一些控制调节装置等进入液压缸，推动活塞杆，从而使手臂产生收缩、升降等运动，将油液的压力能又转换成机械能。

2. 气动驱动

气动驱动机器人是指以压缩空气为动力源驱动的机器人。气动执行机构包括气缸、气动马达（也称为气马达）。

气缸：将压缩空气的压力能转换为机械能的一种能量转换装置。它可以输出力，驱动工作部分做直线往复运动或往复摆动。

气动马达：将压缩空气的压力能转变为机械能的能量转换装置。它输出力矩，驱动机构做回转运动。

气动马达和液压马达相比，具有长时间工作温升很小、输送系统安全便宜、可以瞬间升到全速等优点。

3. 电动驱动

机器人电动伺服驱动系统是利用各种电动机产生的力矩和力，直接或间接地驱动机器人本体以获得机器人的各种运动的执行机构。

工业机器人电动机大致可细分为以下几种：

（1）交流伺服电动机　交流伺服电动机包括同步型交流伺服电动机及反应式步进电动机等。伺服电动机一般需要配套伺服驱动器构成伺服驱动系统，伺服电动机的尾端安装有编码器，编码器的反馈连接到伺服驱动器，形成半闭环控制。

（2）直流伺服电动机　直流伺服电动机包括小惯量永磁直流伺服电动机、印制绕组直流伺服电动机、大惯量永磁直流伺服电动机、空心杯电枢直流伺服电动机。

（3）步进电动机　步进电动机包括永磁感应步进电动机以及步进电动机和步进电动机驱动器构成的步进驱动系统，一般应用在对位置等精度要求较低的开环控制系统中。

4. 三种驱动方式对比

由于液压技术是一种比较成熟的技术，液压驱动具有动力大、力（或力矩）与惯量比大、响应快速、易于实现直接驱动等特点，适于在承载能力大、惯量大以及在防爆环境中工作的机器人中应用。但液压系统需进行能量转换（电能转换成液压能），速度控制多数情况下采用节流调速，效率比电动驱动系统低。液压驱动系统对环境产生一定污染，工作噪声也较高，因此在负荷为100kg以下的机器人中往往被电动系统所取代。

气动驱动系统具有速度快、系统结构简单、维修方便、价格低等特点，适于在中、小负荷的机器人中采用，但因难于实现伺服控制，多用于程序控制的机器人中，如在上、下料和冲压机器人中应用较多。

由于低惯量、大转矩的交、直流伺服电动机及其配套的伺服驱动器（交流变频器、直流脉冲宽度调制器）的广泛采用，电动驱动系统在机器人中被大量选用。该类系统不需能量转换，使用方便，控制灵活，但大多数电动机后面需安装精密的传动机构。直流有刷电动机不能直接用于要求防爆的环境中，成本也较上两种驱动系统高。由于电动驱动系统优点比较突出，因此在机器人中被广泛选用。

5.2　典型工业机器人的控制系统

本节导入

工业机器人的控制系统是工业机器人的"大脑"，是工业机器人的核心部件和功能模块。学习工业机器人技术，需要理解相关控制系统的基本知识和技能。当前，业界一般公认所谓工业机器人"四大家族"品牌是ABB、FANUC、安川、KUKA。此外，国产工业机器人也取得了良好的市场份额，本节介绍了国内外典型工业机器人系统。

5.2.1　ABB

ABB是总部位于瑞士的全球知名工业机器人品牌。1974年，ABB第一台机器人诞生，IRC5为目前最新推出的控制系统。ABB机器人大部分用于焊接、喷涂及搬运。

本节思维导图

ABB IRC5的主控制器采用了x86架构，运行实时VxWorks操作系统，负责机器人任务规划、外部通信、参数配置等上层任务；伺服驱动部分由单独的轴控制完成，配备独立的放大模块；示教器 FlexPendant 采用 Arm+WinCE 的架构方案，通过 TCP/IP 与主控制器实现通信。IRC5 的控制系统由主电源、计算机供电单元、计算机控制模块（计算机主体）、输入/输出板、Customer Connections（用户连接端口）、FlexPendant 接口（示教器接线端）、轴计算机板、驱动单元（机器人本体、外部轴）等组成，如图 5-3 所示。

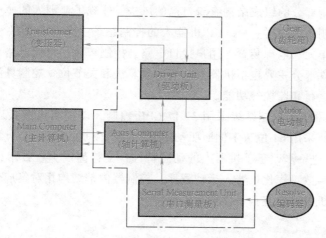

图 5-3　ABB 公司 IRC5 的控制系统

5.2.2　KUKA

库卡（KUKA）机器人有限公司于 1995 年成立于德国巴伐利亚州的奥格斯堡，是世界领先的工业机器人制造商之一。KUKA 业务主要集中在机器人本体、系统集成、焊接设备和物流自动化方面，广泛应用于汽车领域，拥有奔驰、宝马等核心客户。我国企业美的集团在 2017 年 1 月顺利收购德国机器人公司 KUKA 94.55% 的股权。KUKA 是四大家族中最"软"的机器人厂商，最新的控制系统 KRC4 使用了基于 x86 的硬件平台，运行"VxWorks + Windows"系统，把能软件化的功能全部用软件来实现了，包括伺服控制（Servo Control）、安全管理（Safety Controller）、软 PLC（Soft PLC）等，如图 5-4 所示。示教器的实现方式与 ABB 不同，KRC4 人机交互界面运行在主控制器上，示教器使用远程桌面登录主控制器来访问人机交互界面，同时使用 EtherCAT 等总线传输安全信号，减少接线和安全配件，提高可靠性。因此，KUKA 控制器既可以提供良好的人机交互界面，又能提供精确的实时控制。

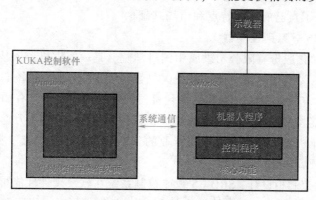

图 5-4　KUKA 控制系统的结构

5.2.3 FANUC

FANUC 作为日本机器人的主要品牌之一，其控制系统在控制原理上与其他品牌机器人大致相同，但其控制部分的组成结构有着自己的风格，体现了亚洲人的使用习惯。和其他品牌工业机器人的控制系统一样，FANUC 机器人的控制系统主要分为硬件和软件两部分。硬件部分主要有控制单元、电源装置、用户接口电路、控制单元、存储电路、关节伺服驱动单元和传感单元；软件部分主要包括机器人轨迹规划算法和关节位置控制算法的程序实现以及整个系统的管理、运行和监控等功能。

FANUC 工业机器人的控制系统采用 32 位 CPU 控制，以提高机器人运动插补运算和坐标变换的运算速度；采用 64 位数字伺服驱动单元，同步控制 6 轴运动，运动精度大大提高，最多可控制 12 轴，进一步改善了机器人的动态特性；支持离线编程技术，技术人员可通过离线编程软件设置参数，优化机器人运动程序；控制器内部结构相对集成化，这种集成方式具有结构简单、整机价格便宜且易维护保养等特点。

5.2.4 安川

YASKAWA（安川）是日本知名机器人公司，MOTOMAN UP6 是其 MOTOMAN 系列工业机器人中的一种，其运动控制系统采用专用的计算机控制系统。该计算机控制系统能完成系统伺服控制、操作台和示教编程器控制、显示服务、自诊断、I/O 通信控制、坐标变换、插补计算、自动加速和减速计算、位置控制、轨迹修正、多轴脉冲分配、平滑控制原点和减速点开关位置检测、反馈信号同步（倍频、分频、分向控制）等众多功能。MOTOMAN UP6 采用示教再现的工作方式。在示教和再现过程中，计算机控制系统均处于边计算边工作的状态，且系统具有实时中断控制和多任务处理功能。在工作过程中数据的传输、方式的切换、过冲报警、升温报警等多种动作的处理都能随机发生。控制系统封装成控制柜的形式，控制柜名称为 YASNACXRC。

5.2.5 国产工业机器人的控制系统

目前，在工业机器人领域，我国企业已经拥有了一定的话语权。由于国内存在一批在运动控制领域长期深入研究的企业，具有大量资金投入和长时间的市场验证，国产控制系统（控制器）已经拥有了自己的技术特点和市场基础。

1. 新松 SRC C5 等系列控制器

新松机器人自动化股份有限公司隶属中国科学院，是一家以机器人技术为核心，致力于全智能产品及服务的高科技上市企业，是我国机器人产业前 10 名的核心牵头企业，是国家机器人产业化基地。新松 SRC C5 是其新一代机器人智能控制系统，有如下特点：

1) SRC C5 智能控制系统支持虚拟仿真、机器视觉（2D/3D）、力觉传感等多种智能技术的应用，新松工业机器人可以通过不同行业的工艺软件包，在焊接、搬运、码垛、磨抛、装配、喷涂等多个领域作业。

2) 采用全新的控制柜设计，SRC C5 智能控制系统在软、硬件性能得到提升的同时，体积缩减 43%，重量降低 32%，柜内机器人控制器、安全控制器、伺服驱动器高度融合，全方位保障作业安全性。

3）采用触摸屏横版示教盒，具有高灵敏度的触屏体验，适用于新型系统所有机型。集成通电按钮、模式选择开关、状态指示灯、急停按钮，更加快捷方便。示教器线缆与控制柜通过快插连接器连接，能够快速插拔，可以实现示教器与机器人一对多的组合方式。

2. 广州数控 GSK-RC 等系列控制器

在丰富的机床数控技术积累的基础上，广州数控掌握了机器人控制器、伺服驱动、伺服电动机的完全知识产权，其中 GSK-RC 是广州数控自主研发生产、具有独立知识产权的机器人控制器。

3. 华中数控 CCR 等系列控制器

从 1999 年开始，华中数控就开发出了华中Ⅰ型机器人的控制系统和教育机器人，经过二十多年发展，华中数控已掌握了多项机器人控制和伺服电动机的关键核心技术，在控制器、伺服驱动器和电动机这三大核心部件领域均具备了很大的技术优势。CCR 系列是华中数控自主研发的重要机器人控制系统。

4. 固高科技 GUC 等系列控制器

固高深耕于运动控制领域，从 2001 年开始研发 4 轴机器人控制器，2006 年涉足 6 轴机器人控制器，是国内较早研究机器人控制器的企业之一。截至目前，固高 GUC 系列控制系统涵盖了从 3 轴到 8 轴各类型号机器人，其中技术难度最大的 8 轴机器人控制系统已经可以实现批量生产。从 2010 年开始，固高科技逐渐提出了驱控一体化的产品体系架构，并推出 6 轴驱控一体机。

5. 汇川技术 IMC100 等系列控制器

汇川技术是专门从事工业自动化控制产品的研发、生产和销售的高新技术企业，公司掌握了高性能矢量变频技术、可编程序控制器（PLC）技术、伺服技术和永磁同步电动机等核心平台技术。2013 年，公司开始拓展到控制器领域，2014 年推出了基于 EtherCAT 总线的 IM100 机器人控制器，目前其主要针对市场包括小型六关节、小型 SCARA 以及并联机器人等新兴领域。

5.3　工业机器人的伺服/力觉/视觉控制

本节导入

工业机器人是为了替代人类的劳动而创造的系统，能代替人类工作，必然具备良好的控制功能。如能搬运重物、打磨工件，该类机器人需要控制好位置和力觉，以保障良好的定位和加工精度；还有部分机器人配备了工业照相机，能识别形状、颜色，甚至能进行产品的几何尺寸测量、缺陷检测。另外值得注意的是，3D 工业照相机（激光三角测量）也开始广泛应用于工业机器人 3D 视觉技术，在工件的深度测量、曲面缺陷检测等复杂领域发挥作用。

工业机器人控制中，视觉控制是非接触控制，力觉控制是接触性控制，伺服控制是基础，也是位置控制、速度控制的载体。

本节思维导图

5.3.1 工业机器人的伺服控制

1. 工业机器人的伺服驱动器

工业机器人一般采用交流伺服系统作为执行单元来完成机器人特定的轨迹运动，并满足在运行速度、动态响应、位置精度等方面的技术要求。因而，交流伺服系统是工业机器人的重要核心部件。工业机器人的伺服系统包括伺服驱动器和伺服电动机，伺服驱动器接收上位控制器指令并进行处理后，发送至伺服电动机，驱动伺服电动机运转，伺服电动机自带的编码器发送反馈信号给伺服驱动器，形成相应的控制系统。伺服系统的组成框图如图 5-5 所示，工业机器人伺服系统的实物如图 5-6 所示。

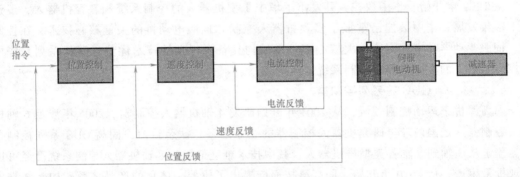

图 5-5　工业机器人伺服系统的组成框图

工业机器人的伺服驱动器是指控制机器人伺服电动机的专用控制器，可通过位置、速度和转矩三种方式对工业机器人的伺服电动机进行闭环控制。随着国内外工业机器人的快速发展，工业机器人的伺服驱动器作为机器人的核心部件之一，也取得了突飞猛进的发展。但是，国内伺服驱动器仍然和国外伺服驱动器有一定的差距，必须持续提高伺服驱动器的性能和可靠性，才能不断提高我国工业机器人的技术水平。

图 5-6　工业机器人伺服系统的实物

工业机器人的伺服驱动器可按照功率等级、电动机编码器类型、总线控制方式等进行分类。

按照功率等级可分为 400W 伺服驱动器、1kW 伺服驱动器、2kW 伺服驱动器、5.5kW 伺服驱动器、7.5kW 伺服驱动器、11kW 伺服驱动器、18kW 伺服驱动器等。

按照电动机编码器类型可分为增量型旋转编码器伺服驱动器、旋转变压器伺服驱动器、磁编码器伺服驱动器和高精度编码器伺服驱动器等。

按照总线控制方式可分为 EtherCAT 总线伺服驱动器、Powerlink 总线伺服驱动器和 Mechatrolink 总线伺服驱动器等。

上位控制器和伺服驱动器采用脉冲指令和总线通信的方式进行通信，近年来又出现了新型模式，即上位控制器的运动控制保持不变，把伺服驱动器和伺服电动机做一体化集成，称为 ALL in ONE，这样电动机与驱动器的线缆就得到了极大的节约，运动控制和伺服驱动达成一体化的集成。

传统模式由于空间相对分散，上层中央控制器和底层执行机构的相对物理空间比较远，而采用 ALL in ONE 方式可以控制几十台甚至上百台设备，使用非常方便。

另外，驱控一体化已经成为工业机器人等装备的发展趋势，即把控制器和驱动器集成在一起，其优势为体积小、重量轻、部署灵活、成本低、可靠性高，可高效处理完成复杂的机器人算法，通过共享内存传输更多控制、状态信息，通信速度高达 100Mbit/s；不足之处在于高集成度开发难度较大，以及高集成度系统扩展性欠缺。

2. 工业机器人伺服控制的基本流程

工业机器人的控制方式有不同的分类，如按被控对象不同可分为位置控制、速度控制、加速度控制、力控制、力矩控制、力和位置混合控制等，而实现机器人位置控制是工业机器人的基本控制任务。由于机器人是由多轴（关节）组成的，因此每轴的运动都将影响机器人末端执行器的位姿。如何协调各轴的运动，使机器人末端执行器完成作业要求的轨迹，是个关键问题。关节控制器（下位控制器）是执行计算机，负责伺服电动机的闭环控制及实现所有关节的动作协调。它在接收主控制器（上位控制器）送来的各关节下一步期望达到的位姿后，又做一次均匀细分，使运动轨迹更为平滑，然后将各关节下一细分步期望值逐渐点送给伺服电动机，同时检测光电码盘信号，直至准确到位。工业机器人的位置控制如图 5-7 所示。

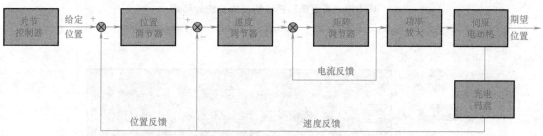

图 5-7　工业机器人的位置控制

3. 工业机器人伺服驱动器控制方式的选用方法

目前，机器人伺服驱动器一般都有速度控制方式、转矩控制方式和位置控制方式三种控制方式。这三种控制方式的选用方法具备通用性，下面以埃斯顿伺服驱动器为例进行说明。

伺服驱动器的三种控制方法中，速度控制和转矩控制都是用模拟量来控制的，位置控制是通过发脉冲来控制的，具体采用什么控制方式要根据实际控制情况来选用。第一，根据整体控制需求来选用。如果对机器人的速度、位置都没有要求，只要输出一个恒转矩，则采用转矩模式；如果对位置和速度有一定要求，对实时转矩不是很关心，用转矩模式不太方便，则采用速度或位置模式比较好。第二，根据伺服驱动器的上位控制器具体情况来选用。如果上位控制器有比较好的闭环控制功能，则伺服驱动器采用速度控制；如果系统对实时性没有明确要求，采用位置控制；如果控制器本身的运算速度很慢（比如 PLC 或低端运动控制器），采用位置方式控制；如果控制器运算速度比较快，可以使用速度方式，把位置环（"环"指负反馈）从驱动器移到控制器上，减少驱动器的工作量，提高效率（比如大部分中高端运动控制器）；如果上位控制器为高端类型，可以使用转矩方式控制，把速度环也从驱动器上移到控制器端实现。

5.3.2 工业机器人的视觉控制

1. 机器视觉系统的构成

机器视觉是指用机器代替人眼来做测量和判断。机器视觉系统是指通过机器视觉产品（即图像摄取装置，分为 CMOS 和 CCD 两种）将被摄取目标转换成图像信号，传送给专用的图像处理系统，再根据像素分布和亮度、颜色等信息，转变成数字化信号。图像系统对信号进行各种运算来抽取目标的特征，进而根据判别的结果来控制现场的设备动作。

按照相机的类型，视觉系统一般可以分为模拟相机、数码相机和智能相机三类，如图5-8、图 5-9、图 5-10 所示。

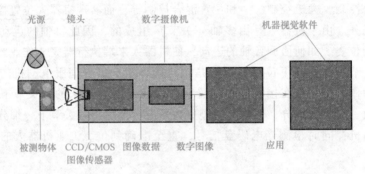

图 5-8　采用模拟相机的视觉系统的构成

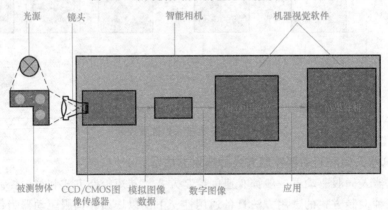

图 5-9　采用数码相机的视觉系统的构成

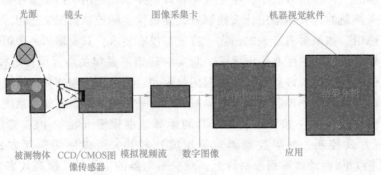

图 5-10　采用智能相机的视觉系统的构成

工业相机是机器视觉系统中应用的一个关键组件，其本质功能是将光信号转变成工业相机的电信号。选择合适的相机也是机器视觉系统设计中的重要环节，相机直接决定了所采集到的图像分辨率、图像质量等，同时也与整个系统的运行模式直接相关。工业相机又俗称工业摄像机，与传统的民用相机（摄像机）相比，它具有高的图像稳定性、高传输能力和高抗干扰能力等，目前市面上的工业相机大多是基于 CCD 和 CMOS 芯片的相机。

智能相机并不是一台简单的相机，而是一种高度集成化的微小型机器视觉系统，其将图像的采集处理与通信功能集成于单一相机内，从而提供了具有多能、模块化、高可靠性、易于实现的机器视觉解方案。同时，由于应用了最新的 DSP、FPGA 及大容量存储技术，其智能化程度不断提高，可满足多种机器视觉领域的应用需求。

2. 工业机器人的视觉系统

机器人视觉系统是指使机器人具有视觉感知功能的系统。机器人视觉可以通过视觉传感器获取环境的图像，并通过视觉处理器进行分析和解释，进而转换为符号，让机器人能够辨识物体，并确定其位置。机器人视觉广义上称为机器视觉，其基本原理与计算机视觉类似。

目前，工业机器人的视觉系统是在机器视觉系统的基础上增加了机器人、控制器等硬件。

机器人视觉系统的软件由以下几个部分组成：

1）计算机系统软件。选用不同类型的计算机，就有不同的操作系统和它所支持的各种语言、数据库等。

2）机器人视觉信息处理算法，如图像预处理、分割、描述、识别和解释等算法。

3）机器人控制软件。

3. 手眼系统标定

（1）相机标定　空间物体表面某点的三维几何位置与其在图像中对应点之间的相互关系是由摄像机成像几何模型决定的，这些几何模型参数就是相机参数，必须由实验和计算来确定，该过程称为相机标定。

相机标定的方法有很多，一般分为三类：

第一类：传统的标定技术。此类标定方法需要提供较多的已知条件，如特定的标定物以及一组已知坐标的特征基元，结合拍摄所得二维图像中的特定标定物以及提供的特征基元之间的投影关系进行几何运算完成摄像机定标。传统的标定技术已经相当成熟，已经提出了很多比较好的方法。

第二类：自标定技术。采用与传统标定技术完全不同的标定方式，放弃使用标定物，仅通过对相机获取的图像序列求解。虽然自标定技术不需要使用标定物，减少了一些工作量，但是总体来说相机自标定方法增加了计算难度和计算量，实时性不高并且结果精度不甚理想。

第三类：基于主动视觉的标定技术。基于主动视觉的标定技术利用相机获得二维图像以及相机运动过程中的轨迹等运动参数来计算相机的内外参数。

（2）手眼相对关系标定　手眼标定求取的是相机坐标系与机器人末端执行器坐标系之间的相对关系。目前，一般采用的方法是：在机器人末端执行器处于不同位置和姿态下，对相机相对于靶标的外参数进行标定，根据相机相对于靶标的外参数和机器人末端执行器的位置和姿态，计算获得相机相对于机器人末端执行器的外参数，相机坐标系与机器人末端执行器坐标系的相对关系具有非线性和不稳定性,如何获取手眼关系的有意义解成为研究关注的焦点之一。由于求解的方法不同,出现了许多不同的手眼标定方法。

4. 机器视觉的伺服系统

视觉伺服控制系统的运动学闭环由视觉反馈与相对位姿估计环节构成,相机不断采集图像,通过提取某种图像特征并进行视觉处理后得出机器人末端执行器与目标物体的相对位姿估计。视觉伺服控制器根据任务描述和机器人及目标物体的当前状态,决定机器人相应的操作并进行轨迹规划,产生相应的控制指令,最后驱动机器人运动。

根据视觉系统反馈的误差信号定义在三维笛卡儿空间还是图像特征空间,可将视觉伺服系统分为基于位置的视觉伺服控制模式(PUBVS)和基于图像的视觉伺服控制模式(IBV5)。

(1)基于位置的视觉伺服控制 基于位置的视觉伺服系统其反馈信号在三维任务空间中以直角坐标形式定义,其视觉伺服控制的结构如图 5-11 所示。其原理是通过对图像特征的提取,并结合已知的目标几何模型及相机模型,在三维笛卡儿坐标系中对目标位姿进行估计。然后,以机械手当前位姿与目标位姿之差(e)作为视觉控制器的输入,进行轨迹规划并计算出控制量(u),驱动机械手向目标运动,最终实现定位、抓取功能。这类系统将位姿估计与控制器的设计分离开来,实现起来更加容易,但控制精度在很大程度上依赖于目标位姿的估计精度,因此需要精确地标定摄像机及手眼关系。

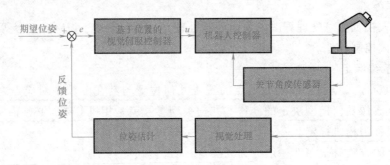

图 5-11 基于位置的视觉伺服控制的结构

(2)基于图像的视觉伺服控制 基于图像的视觉伺服系统其误差信号直接用图像特征来定义,是以图像平面中当前的图像特征与期望图像特征间的误差量来设计控制器的,其视觉伺服控制的结构如图 5-12 所示。其基本原理是由该误差信号(e)计算出控制量

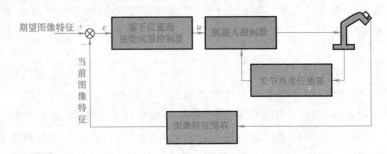

图 5-12 基于位置的视觉伺服控制的结构

(u)，并将其变换到机器人运动空间中去，从而驱动机械手向目标拆解运动，完成伺服任务。

图像特征可以是简单的几何特性，如点、线、圆、正方形、区域面积等，最经常使用的是点特征，点对应于物体的拐点、洞、物体或区域的质心。为快速提取图像特征，多数系统采用特殊设计的目标、有明显特征的物体等。实际应用中依赖于寻找图像上的明显突变处，它对应于物体的拐点或边缘。由于并不是整个图像的数据都是有用的，所以提取特征的过程可只对感兴趣的区域进行操作。区域的大小可依据实际情况（如跟踪或处理速度）来决定，区域的位置则可实时估计。

与基于位置的视觉伺服系统相比，基于图像的视觉伺服系统中的误差信号与图像特征参数相关联，定义在图像空间中，这种系统不需要精确的物体模型，并且对摄像机及手眼标定的误差鲁棒，缺点是控制信息定义在图像空间，因此末端执行器的轨迹不再是直线，而且会出现奇异现象。除此之外，由于需要计算的反映图像特征变化速度与机器人关节速度之间关系的图像是雅可比矩阵，计算量较大，实时性较差。

5.3.3　工业机器人的力控制

工业机器人在进行喷涂、点焊、搬运等作业时，其末端执行器（喷枪、焊枪、手爪等）始终不与工件相接触，因此只需对机器人进行精准的位置控制即可。然而，当机器人在进行装配、加工、抛光等作业时，要求机器人末端执行器与工件接触时保持一定大小的力。这时，如果只对机器人实施位置控制，有可能由于机器人的位姿误差或工件放置的偏差，造成机器人与工件之间没有接触或损坏工件。对于这类作业，一种比较好的控制方案是：除了在一些自由度方向进行位置控制外，还需要在另一些自由度方向控制机器人末端执行器与工件之间的接触力，从而保证二者之间的正确接触。

由于力是在两物体相互作用后才产生，因此力控制是将环境考虑在内的控制问题。为了对机器人实施力控制，需要分析机器人末端执行器与环境的约束状态，并根据约束条件制订控制策略，此外，还需要在机器人末端执行器上安装力传感器，用来检测机器人与环境的接触力。控制系统根据预先制订的控制策略对这些力信息做出处理后，控制机器人在不确定环境下进行与该环境相适应的操作，从而使机器人完成复杂的作业任务。

机器人控制中需解决四大关键问题：位置伺服、碰撞冲击及稳定性、未知环境的约束、力传感器。

1. 位置伺服

机器人的力控制最终通过位置控制来实现，所以位置控制是机器人实现施力控制的基础，力控制研究的目的之一是实现精密装配。另外，约束运动中机器人终端与刚性环境相接触时，微小的位移量往往产生较大的约束力，因此位置伺服的高精度是机器人力控制的必要条件。经过几十年的发展，单独的位置伺服已达到较高水平。因此，针对力控制中力/位之间的强耦合，必须有效解决力/位混合后的位置伺服。

2. 碰撞冲击及稳定性

稳定性是机器人研究中的难题，现有的研究主要从碰撞冲击和稳定性两方面进行研究。

（1）碰撞冲击　机器人力控制过程中，必然存在机器人与环境从非接触到接触的自然转换，理想状况是当接触到环境后立即停止运动，尽可能避免大的冲击，但由于惯性大且实时性差，极难达到较好效果。根据能量关系建立起碰撞冲击动力学模型并设计出力调节器，实质是用比例控制器加上积分控制器和一个平行速度反馈补偿器，有望获得较好的力跟踪特性。

（2）稳定性　在力控制中普遍存在响应速度和系统稳定的矛盾，因此提高系统响应速度和防止系统不稳定是力控制研究中亟待解决的问题之一。科学家研究了腕力传感器刚度对力控制中动力学的影响，提出了在高刚度环境中使用柔软力传感器能获得稳定的力控制，并研究了驱动刚度在动力学模型中的作用。

3. 未知环境的约束

在力控制研究中，表面跟踪为极常见的典型依从运动。但环境的几何模型往往不能精确得到，多数情况是未知的。因此，对未知环境的几何特征作在线估计，或者根据机器人在该环境下作业时的受力情况实时确定力控方向（表面法向）和位控方向（表面切向），实际为机器人力控制的重要问题。

4. 力传感器

传感器直接影响着力控制性，精度（分辨率、灵敏度和线性度等）高、可靠性好和抗干扰能力强是机器人力传感器研究的目标。就安装部位而言，力传感器可分为关节式力传感器、手腕式力传感器和手指式力传感器。手指式力传感器，一般通过应变片或压阻敏感元件测量多维力而产生输出信号，常用于小范围作业，如灵巧手抓鸡蛋等实验，精度高、可靠性好，渐渐成为力控制研究的一个重要方向，但多指协调复杂。

关节式力/力矩传感器使用应变片进行力反馈，由于力反馈是直接加在被控制关节上，且所有的硬件用模拟电路实现，避开了复杂计算难题，响应速度快。从实验结果看，控制系统具有高增益和宽频带，但通过实验和稳定性分析发现，减速机构摩擦力影响力反馈精度，因而使得关节控制系统产生极限环。

手腕式力传感器被安装于机器人手爪与机器人手腕的连接处，它能够获得在机器人手爪实际操作时大部分的力信息，具备精度（分辨率、灵敏度和线性度等）高、可靠性好、使用方便的特点，所以是力控制研究中常用的一种力传感器。

5.4　工业机器人的集成控制系统

本节导入

工业机器人的集成控制系统是以工业机器人应用为核心的自动化集成控制系统，一般应用在自动化生产线行业，综合 PLC、自动传送带、机器视觉、线性模组、数控机床等部件模块，实现某种特定功能（自动化上下料、分拣、缺陷检测等），具有较高的集成技术水平，也是工业机器人应用能力的拓展。当今，以工业机器人集成能力为核心的岗位一般称为工业机器人集成工程师或工业机器人应用工程师。

所谓集成，从字面的理解是将已有的部件、技术糅合一起形成新的产品、系统。工业机器人集成控制指的是把工业机器人本体、机器人控制软件、机器人应用软件、机器人周边设备结合起来，成为系统，应用于焊接、打磨、上下料、搬运、机加工等工业自动化。

5.4.1　工业机器人系统集成技术基础

本节思维导图

1. 工业机器人系统集成基础

工业机器人系统集成（简称为机器人系统集成）是以工业机器人为核心，多种自动化设备提供辅助功能的自动化系统。该系统的主要功能是实现生产线的自动化生产加工、检测、装配等，提高产品质量和生产能力。机器人系统集成应用处于机器人产业链的下游应用端，为终端行业应用客户提供自动化生产解决方案，并负责工业机器人应用二次开发和自动化配套设备的集成，是工业机器人自动化应用的重要环节。工业机器人集成的自动化设备，可以部分替代传统自动化设备。当生产线产品需要更新换代或变更时，只需重新编写机器人系统的程序和相关外围程序，便能快速适应变化，因此基本不需要重新大规模调整生产线，大大降低了投资成本。

2. 机器人系统集成的步骤

（1）解读分析工业机器人的工作任务　工业机器人的工作任务是整个系统集成设计的核心问题和要求，所有的设计都必须围绕工作任务来完成。它决定了工业机器人本体的选型、工艺辅助软件的选用、末端执行器的选用或设计、外部设备的配合以及外部控制系统的设计。所以，必须准确、清晰地解读分析工业机器人的工作任务，否则将使系统集成设计达不到预期的效果，甚至完全错误。

（2）工业机器人的合理选型　工业机器人是应用系统的核心元件。由于不同品牌工业机器人的技术特点、擅长领域各不相同，所以首先根据工作任务的工艺要求，初步选定工业机器人的品牌；其次根据工作任务、操作对象以及工作环境等因素决定所需工业机器人的负载、最大运动范围、防护等级等性能指标，确定工业机器人的型号；最后再详细考虑如系统先进性、配套工艺软件、I/O 接口、总线通信方式、外部设备配合等问题。在满足工作任务要求的前提下，尽量选用控制系统更先进、I/O 接口更多、有配套工艺软件、性价比高的工业机器人品牌和型号，以利于使系统具有一定的冗余性和扩充性。

（3）末端执行器的合理选用或设计　末端执行器是工业机器人进行工艺加工操作的执行元件，没有末端执行器，工业机器人就仅仅是一台运动定位设备。选用或设计末端执行器的根本依据是工作任务。工业机器人需要进行何种操作，是焊接操作，或是搬运码垛操作，抑或是打磨抛光操作等，是否需要配备变位机、移动滑台等，以及操作需要达到的工艺水准，加工对象的情况，都是需要综合考虑的。只有正确、合理地选用或设计末端执行器，让它们与工业机器人配合起来，才能使工业机器人发挥出其应有的功效，更好地完成加工工艺。

（4）工艺辅助软件的选择和使用　当工业机器人的应用系统涉及复杂的工艺操作时，辅助技术人员用工艺辅助软件进行机器人工作路径规划、工艺参数管理和点位示教等操作，一般会与三维建模软件同时使用。功能强化的工艺辅助软件还可以进行如生产数据管理、工艺编制、生产资源管理和工具选择等操作，甚至可以直接输出工业机器人运动程序。工业机器人品牌不同，其核心控制器件也不同，从而导致了某些工业机器人生产供应商针对不同加工工艺，能提供配套的工艺软件，提升工艺水准，而另一些没有相应的工艺软件。综合考虑工作任务和选定的工业机器人品牌，确定是否选用工艺软件。

（5）外部设备的合理选择　机器人本体是系统的执行者，在执行动作时，需要其他的自动化设备提供辅助功能。例如：气动元件实现机器人末端执行机构的开合动作，传送带将物料传送到相应的工位，视觉系统和颜色传感器分别识别工件颜色。应根据工作任务合理选择所需的外部设备。

（6）外部控制系统的设计和选型　根据前面步骤选定的工业机器人型号、末端执行器、外部设备，综合考虑工作任务后，初步选定外部控制系统的核心控制器件。在一般情况下，都选用 PLC 作为外围控制系统的核心控制器件，但是在某些特殊的加工工艺中，例如在工艺过程连续、对时间要求非常精确的情况下，需要考虑 PLC 的 I/O 延迟是否会对加工工艺造成不良影响，否则必须选用其他控制器件，如嵌入式系统等。应尽量考虑在工业机器人以及各外部控制设备之间采用工业现场总线的通信方式，以减少安装施工工作量与周期，提高系统可靠性，降低后期维护维修成本。同时，安全问题在外部控制系统中也是非常重要的，在某些情况下甚至是首要考虑的因素。安全问题包括设备安全和人身安全，保护设备安全的器件有防碰撞传感器等，保护人身安全的设备有安全光幕等，都是外部控制系统必需的设备。

综合考虑以上因素，在整个系统集成的设计与选型过程中，在充分考虑系统的先进性、安全性、可靠性、兼容性和扩充性的基础上，尽可能采用成熟的器件与设计思路。

（7）系统的电路与通信配置　选定所有硬件之后，还需给系统安装电路，为系统供电并控制元器件动作，以及选用合适的通信方式实现元器件之间的数据传输。硬件之间的数据传送是通过通信完成的，不同规模的系统集成，使用的通信方式也是不相同的。例如，大规模系统集成的通信一般都需要现场总线的通信协议，如 Profibus、Modbus、Profinet、CANopen、DeviceNet 等，而小型单台工作站的数据通信除了可以使用以上几种通信方式外，还可以使用其他多种通信方式，如西门子的 PPI、MPI 以及 Ethernet 等协议。

（8）系统的安装与调试　前述步骤均完成后，就可以进入系统安装、调试阶段。在工业机器人应用系统的安装阶段，需严格遵守施工规范，保证施工质量。调试时应尽量考虑各种使用情况，尽可能提早发现问题并反馈。不论是安装还是调试，安全问题都是重中之重，必须时刻牢记安全操作规程。

综上所述，机器人系统集成的设计步骤可总结为根据客户要求确定设备的功能，设计方案，进行技术设计，包括关键零部件的选型以及设备原理图的设计和绘制，最后加工和试制设备，以及进行系统的编程调试，当设备达到预定功能后进行交付和量产，如图 5-13 所示。

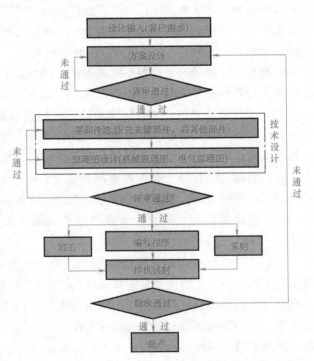

图 5-13　机器人系统集成的设计步骤

5.4.2　工业机器人系统集成的实施

1. 机械系统模块设计

（1）机器人选型　市面上的机器人形式多样，种类繁多，适用场景广泛，可以用在搬运、打磨、焊接、喷涂、装配、切割、雕刻等工作中，要做到正确选用机器人，必须清楚了解自身的需求以及机器人的性能、应用场景。一般而言，机器人的选型遵循以下原则：根据应用类型选择机器人；根据负载及负载惯量选择机器人；根据作业范围选择机器人；根据自由度选择机器人；根据精度需求选择机器人；根据速度需求选择机器人；根据其他要求选择机器人。

（2）末端执行器设计　末端执行器是直接执行工作的装置，它对增强机器人的作业功能、扩大应用范围和提高工作效率都有很大的作用，因此系统地研究末端执行器有着重要的意义。被抓取物体的不同特征，会影响到末端执行器的操作参数，物体特征又同操作参数一起，影响末端执行器的设计要素。

（3）智能仓库模块设计　智能仓库模块设计包括料库单元设计、放料单元设计、料井单元设计、工作台设计。

2. 工件检测模块设计

工件检测模块设计主要包括视觉系统设计和输送模块设计。

（1）视觉系统设计　视觉系统用机器代替人眼来做测量和判断，极大减轻了人工检测的难度和强度，提高了产品的检测质量和速度，已经替代了传统的人工检测和测量，同时利于系统信息的集成。因此，近年来视觉系统已经被广泛应用到工业生产的工况监视、成品检验和质量控制等多个领域，而且它比人类更能适应恶劣的工作环境，如高温、寒冷、真空等，能连续不断检测，检测的准确度也很高。

视觉系统通过机器视觉产品将被摄取目标转换成图像信号，传送给专用的图像处理系统，根据像素分布、亮度和颜色等信息，再将图像信号转变为数字信号；视觉系统对这些信号进行各种运算，抽取目标的特征，进而根据判别的结果来控制现场的设备动作。视觉系统主要由光源、镜头、相机、图像采集卡、视觉处理器等组成。

（2）输送模块设计　电动机的主要功能是驱动执行机构产生特定的动作，根据用途可以将电动机分为驱动电动机和控制电动机两类。驱动电动机主要是为设备提供动力，对于位置精度的控制能力较低，主要用于电动工具、家电产品以及通用的小型机械设备等。控制电动机不仅提供动力，而且能够精确控制电动机的驱动参数等，如位置、速度、动力等。它一般分为步进电动机和伺服电动机两类。在机器人集成系统中，只有工件到达指定位置的定位精度较高时，机器人才能对工件进行重复操作。在某些工艺中需要控制工件受到的力矩，例如卷丝机中丝线受到的拉力必须恒定，才能使卷出来的丝线美观不凌乱，而且好整理。

控制电动机规格大小的选定需要按照电动机所驱动机构的特性而定，即电动机输出轴负载惯量的大小、机构的配置方式、效率和摩擦力矩等。如果没有负载特性及数据，又没有可供参考的机构，就很难决定控制电动机的规格。

确定驱动机构特性之后，需要计算出负载惯量以及希望的旋转加速度，才能推算出加/减速需要的转矩。由机构安装形式及摩擦力矩推算出匀速运动时的负载转矩，然后推算停止运动时的保持转矩，最后根据转矩选择合适的电动机。

3. 控制系统模块设计

（1）气动系统设计　气动系统是工业机器人系统中的辅助系统，经常用于末端执行器的动作和其他辅助设备的动作等。气动系统的工作原理是利用空气压缩机将电动机或其他原动机输出的机械能转变为空气的压力能，然后在控制元件的控制和辅助元件的配合下，通过执行元件把空气的压力能转变为机械能，从而完成直线或回转运动并对外做功。

（2）外部传感器选型　传感器是一种检测装置，能感受到被测量的信息，并能将感受到的信息按一定的规律变换成为电信号或其他所需形式的信息输出，以满足信息的传输、处理、存储、显示、记录和控制等要求。

按被测对象的不同可将传感器分为距离传感器、位置传感器、速度传感器、力矩传感器、压力传感器等。常见的距离传感器有激光距离传感器、超声波距离传感器、红外距离传感器。根据检测方式的不同位置传感器分为接触式传感器和接近式传感器。常见的接触式位置传感器有行程开关、二维矩阵式位置传感器。常见的接近式位置传感器有光电式位置传感器、涡流式位置传感器、电容式位置传感器、霍尔式位置传感器等。力矩传感器可分为非接触式力矩传感器、应变片力矩传感器和相位差式转矩转速传感器等。除此之外，常见的传感器还有压力传感器、温度传感器、流量传感器、颜色传感器、色标传感器、磁性传感器。

传感器主要是根据所测物理量、使用条件、灵敏度、量程等进行选择，其选型一般按照如下步骤进行：明确要测量的物理量；明确传感器的使用条件（环境、测量的时间、与显示器之间的信号传输距离、与外部设备的连接方式）；需考虑的一些具体问题（灵敏度、线性范围、准确度）。

（3）PLC选型　PLC以其结构紧凑、应用灵活、功能完善、操作方便、速度快、可靠性高、价格低等优点，已经越来越广泛地被应用于自动化控制系统中，并且在自动化控制系统中起着非常重要的作用，已成为与分布式控制系统（DCS）并驾齐驱的主流工业控制系统。对于不同的工业控制需求，应当选择合适的PLC，包括以下步骤：根据应用行业选择PLC，根据应用环境选择PLC，根据性能要求选择PLC，根据系统安全性选择PLC。

4. 工作站系统功能集成开发

工作站系统集成知识图谱如图5-14所示。

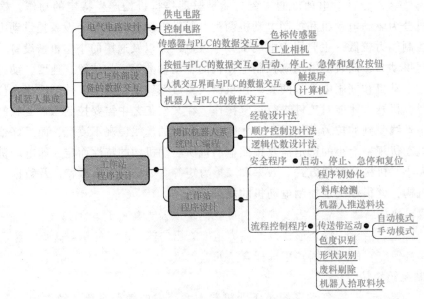

图 5-14　工作站系统集成知识图谱

（1）电气电路设计　电气电路设计主要包括供电电路设计和控制电路设计。供电电路需为整个系统提供电力，包括对机器人控制柜的供电、对电动机的供电、对控制电路的供电，以及对指示系统电源是否接通的指示灯供电，此外，还需留有电气插座为其他电气元件供电。

控制电路为每个需要控制的元件都分配了触点用于实现相应的功能，而工作站中需控制的元件分别有按钮、电动机、传感器、机器人、视觉系统（检测工件形状、工件是否合格）等。

（2）PLC 与外部设备的数据交互　PLC 与外部设备的数据交互包括传感器与 PLC 的数据交互、按钮与 PLC 的数据交互、人机交互界面与 PLC 的数据交互、机器人与 PLC 的数据交互等。

1）传感器与 PLC 的数据交互。传感器用于检测与反馈物料形状、颜色、位置等信息，也是工作站中识别物料合格与否的重要依据，这些都需要通过 PLC 进行协调控制与监控，如颜色传感器、工业相机等。

2）按钮与 PLC 的数据交互。为了保证工作站的安全，设置了启动、停止、急停和复位按钮，其中启动和停止按钮应用在自动运行的过程中，启动按钮实现自动运行的开启，停止按钮实现自动运行的停止。急停按钮和复位按钮对手动程序和自动程序都会起作用。急停按钮的作用是使工作台在运行过程中遇到报警或者紧急情况时，立即停止。当按下急停按钮时，自动、手动以及其他功能都不再起作用，直到按下复位按钮将其解除。

3）PLC 与触摸屏的通信。工作站中的人机交互界面主要是触摸屏与计算机，其功能是通过与 PLC 通信获取数据来实现的。如工作站中使用的触摸屏是威纶通 TK6070iQ 型的，该触摸屏中的通信接口有 USB 和串行端口两种，PLC 与触摸屏的连接使用 RS-232 串行端口。

4）PLC 与计算机的通信。PLC 与计算机的通信主要是为了在调试的过程中监视程序的运行状态。PLC 与计算机通信时的端口为网口，在通信之前需要将计算机和西门子 S7-200 SMART PLC 配置到同段地址上。

5）机器人与 PLC 的数据交互。如 PLC 与 FANUC 机器人之间是通过 I/O 端子台转换板连接的，它们之间的通信属于并行通信。

（3）工作站程序设计　工作站程序设计主要包括机器人系统 PLC 编程和工作站程序设计。

在工作站中，需通过 PLC 程序协调控制各硬件工作的顺序和动作，因此程序设计的质量直接影响设备的运行效果。在程序设计中需要根据工作的需求确定设备的输入和输出，然后运用适当的设计方法，编写实现操作功能的运行程序。PLC 程序设计的常用方法有经验设计法、顺序控制设计法和逻辑代数设计法。

经验设计法是利用设计继电器电路图的方法来设计比较简单的数字量控制系统的梯形图程序，即在一些典型继电电路的基础上，根据被控对象对控制系统的具体要求，不断修改和完善梯形图。这种方法具有很大的试探性和随意性，最后的结果不是唯一的，程序的设计时间和质量与编程人员的经验有直接的关系。

　　顺序控制设计法是指按照生产工艺预先规定的顺序，在各个输入信号的作用下，根据内部状态和时间的顺序，在生产过程中各个执行机构自动有序地进行操作。顺序控制设计法是一种先进的设计方法，很容易被初学者接受，对于有经验的编程人员，这种方法也会提高设计的效率，增加调试、修改和阅读程序的便利性。

　　逻辑代数设计法以布尔代数为理论基础，根据生产过程中各工步之间的各个检测元件（如行程开关、传感器等）状态的变化，列出检测元件的状态表，确定所需的中间记忆元件，再列出各执行元件的工序表，然后写出检测元件、中间记忆元件和执行元件的逻辑表达式，再转换成梯形图程序。该方法在组合逻辑电路中使用比较方便，但是在时序逻辑电路中，因为输出状态不仅与同一时刻的输入状态有关，而且与输出量的原有状态及其组合顺序有关，因此其设计过程比较复杂，不经常使用。在组合逻辑设计中，通常要使执行元件的输出状态只与同一时刻控制元件的状态相关。输入、输出是单方向关系，即输出量对输入量无影响。其设计方法比较简单，可以作为经验设计法的辅助和补充。

　　学会 PLC 的编程方法后，就需对工作站进行 PLC 编程，使各设备和机器人按照一定流程共同完成作业。程序编写方法有许多种，不同的工作人员在编写过程中对于控制的侧重点也不相同，但在编写过程中都需要对控制程序进行分类和构建框架，增加程序的可读性，且当系统出现故障时，可确认是在哪一执行工作或哪一模块出现错误，这对于问题检修有很大帮助。

5.5　本章小结

　　本章从工业机器人控制系统的功能、特点、结构组成出发，介绍了国内外主要的工业机器人控制系统及其特点，以及工业机器人伺服、力、视觉控制以及集成控制系统。本章学习要点如下：

　　1）了解工业机器人控制系统的功能、特点、结构组成，了解工业机器人的操作系统、驱动系统。

　　2）了解"四大家族"工业机器人、典型国产工业机器人的控制系统。

　　3）针对工业机器人被控对象，理解以位置控制为核心的伺服控制系统，理解接触式应用为主的力控制，了解机器视觉在工业机器人引导、定位甚至 3D 视觉、调度、缺陷检测等方面的应用。

　　4）工业机器人的集成控制包括以机器人应用为核心的自动化控制和外围部件的拓展控制，理解集成的应用模式和方法。

📖 思维导图

扫码查看本章高清思维导图全图

思考与练习

一、填空题

1. 工业机器人控制系统的硬件结构按照其控制方式可分为集中控制系统、主从控制系统和_____三类。

2. 工业机器人的伺服系统包括伺服驱动器和_____。

3. 工业相机一般可以分为 CMOS 和_____两种。

4. 工件检测模块设计主要包括视觉系统设计和输送_____。

5. 工业机器人的驱动系统包括气压驱动、液压驱动和_____三种，其中应用最广泛的是_____。

6. 工业机器人的伺服驱动器是指控制机器人伺服电动机的专用控制器，可通过位置、速度和_____三种方式对工业机器人的伺服电动机进行闭环控制。

二、判断题

1. VxWorks 是硬实时嵌入式操作系统，有公司选择其做工业机器人主控制器的操作系统。（　　）

2. GSK-RC 是广州数控生产的工业机器人控制系统，不具有独立知识产权。（　　）

3. 当工业机器人在进行装配、加工、抛光等作业时，要求机器人末端执行器与工件接触时保持一定大小的力，在工作过程中仅仅需要对机器人进行位置控制，不需要实施力控制。（　　）

4. 工业机器人系统集成中，在一般情况下，都选用 PLC 作为外围控制系统的核心控制器件，但是在某些特殊的加工工艺中，例如在工艺过程连续、对时间要求非常精确的情况下，需要考虑 PLC 的 I/O 延迟是否会对加工工艺造成不良影响，否则必须选用其他控制器件，如嵌入式系统等。（　　）

5. 当机器人在进行装配、加工、抛光等作业时，只需对机器人实施位置控制，不需要进行力控制。（　　）

6. 只有正确、合理地选用或设计末端执行器，让它们与工业机器人配合起来，才能使工业机器人发挥出其应有的功效，更好地完成加工工艺。（　　）

7. 工业机器人为多关节联动控制，每个关节由一个伺服系统（一般配套有伺服驱动器、伺服电动机、减速器）控制，多个关节的运动要求各个伺服系统协同工作以实现联动控制。（　　）

三、单选题

1. 工业机器人的驱动系统常采用液压驱动、气压驱动和（　　）
   A. 磁力式　　　　B. 水压式　　　　C. 油压式　　　　D. 电动（电气）式

2. 工业机器人所使用的控制电动机主要有交流伺服电动机、直流伺服电动机和（　　）
   A. 步进电动机　　B. 直流电动机　　C. 三相异步电动机

3. 工业机器人的伺服驱动器一般都有三种控制方式：速度控制方式、转矩控制方式和（　　）
   A. 电流控制　　　B. 位置控制　　　C. 加速度控制

4. 按照相机的类型，视觉系统一般可以分为模拟相机、数字相机和（　　）三类。
   A. 傻瓜相机　　　B. 安防相机　　　C. 智能相机

四、简答题

1. 简述工业机器人驱控一体化系统的构成。

2. 简述采用数码相机的机器视觉系统的构成。

3. 简述工业机器人系统集成的概念。

4. 工业机器人系统集成实施时，如何进行工业机器人的合理选型？

扫码查看答案

第6章

典型工业机器人的操作与编程

机器人编程是指为使机器人完成某种任务而设置的动作顺序描述。机器人运动和作业的指令都是由程序进行控制的，常用的编程方法有三种，分别是示教编程、机器人语言编程和离线编程。机器人所有的操作与编程基本上都是通过示教器来完成的，因此在本章中围绕示教器编程进行展开。

示教器又称为示教编程器，实质上是一个专用的智能终端，主要由液晶屏幕和操作按键组成，是操作人员手持进行机器人的手动操纵、程序编写、参数配置以及监控的装置，也是学习中最常用的控制装置。

不同类型的机器人配置不同的示教器，但不同的示教器实现的功能基本上是一致的。本章将介绍 ABB 机器人、广州数控机器人这两种类型机器人所对应示教器的功能及操作说明，并能运用相关知识和基本指令实现简单示教编程。

6.1 工业机器人的编程

本节导入

机器人编程，就是针对机器人为完成某项作业进行的程序设计。工业机器人编程是机器人技术的一个重要方面，它与机器人所采用的控制系统一致，不同机器人的程序会有不同的编制方法。常用的编程方法有示教编程、机器人语言编程和离线编程。在本节中，主要介绍示教编程。

6.1.1 工业机器人的编程方法

1. 示教编程

早期的机器人编程几乎都采用示教编程方法，而且它仍是目前工业机器人使用最普遍的方法。采用这种方法时，程序编制是在机器人现场进行的。

本节思维导图

示教再现式机器人控制系统的工作原理如图 6-1 所示，其工作过程分为"示教"和"再现"两个阶段。在示教阶段，由操作者拨动示教器上的开关按钮或手握机器人的手臂来操作机器人，使它按需要的姿势、顺序和路线进行工作。在该阶段，机器人一边工作一边将示教的各种信息存储在记忆装置中。在再现阶段，机器人从记忆装置中依次调用所存储的信息，利用这些信息去控制机器人再现阶段的动作。

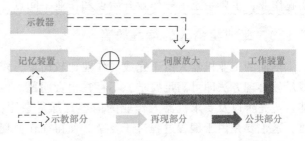

图 6-1　示教再现式机器人控制系统的工作原理

示教编程的优点是只需要简单的设备和控制装置即可进行，操作简单，易于掌握，而且示教再现过程很快，示教之后即可应用。此外，操作人员在示教时可以随时用眼睛监视机器人的各种动作，可以避免发生错误指令，产生错误动作。然而，它的缺点也是明显的，主要表现如下：

1）编程占用机器人的作业时间。

2）很难规划复杂的运动轨迹及准确的直线运动。

3）难以与传感信息相配合。

4）难以与其他操作同步。

2. 机器人语言编程

机器人语言编程是指采用专用的机器人语言来描述机器人的动作轨迹。机器人语言编程实现了计算机编程，并可以引入传感信息，从而提供了一种解决人与机器人通信接口问题的更通用的方法。机器人编程语言具有良好的通用性，同一种机器人语言可用于不同类型的机器人。此外，机器人编程语言可解决多台机器人之间协调工作的问题。

3. 离线编程

离线编程是在专门的软件环境支持下，用专用或通用程序在离线情况下进行机器人轨迹规划编程的一种方法。这种编程方法与数控机床中编制数控加工程序非常相似。离线编程程序通过支持软件的解释或编译产生目标程序代码，最后生成机器人路径规划数据。一些离线编程系统带有仿真功能，这使得在编程时就可解决障碍干涉和路径优化问题。

离线编程的优点有：

1）设备利用率高，不会因编程而影响机器人执行任务。

2）便于信息集成，可将机器人控制信息集成到 CAD/CAM 数据库和信息系统中去。

6.1.2　工业机器人的示教编程

为了使机器人能够进行再现示教的动作，就必须把机器人运动命令编成程序。控制机器人运动的命令就是移动命令。在移动命令中，记录有移动到的位置坐标、插补方式、再现速度等参数。

位置坐标用于描述机器人工具中心点（Tool Center Point，TCP）的 6 个自由度（3 个平动自由度和 3 个回转自由度）。

插补方式是指机器人再现时，决定程序点之间采取何种轨迹移动的方式。工业机器人作业示教经常采用关节插补、直线插补、圆弧插补这 3 种插补方式。

再现速度是指机器人再现时，程序点之间的移动速度。

空走点/作业点用于机器人再现时，决定从当前程序点到下一个程序点是否实施作业。作业点是指从当前程序点移动到下一个程序点的整个过程需要实施作业，主要用于作业开始点和作业中间点两种情况。空走点是指从当前程序点移动到下一个程序点的整个过程不需要实施作业，主要用于示教作业开始点和作业中间点之外的程序点。

6.1.3 工业机器人的编程语言

早期的工业机器人由于完成的作业比较简单，作业内容改变不频繁，采用固定程序控制或示教再现方法即可满足要求，不存在语言问题。但随着机器人本身的发展，计算机系统功能日益完善以及要求机器人作业的内容愈加复杂化，利用程序来控制机器人显得越来越困难，这主要是由于编程过程过于复杂，使得在作业现场对付复杂作业十分困难。为了寻求用简单的方法描述作业，控制机器人动作，专用机器人语言随之出现。

1. 工业机器人语言的发展概况

机器人语言提供了一种通用的人与机器人之间的通信手段。它是一种专用语言，用符号描述机器人的运动，与常用的计算机编程语言相似，其发展过程如下：

1973 年，美国斯坦福大学人工智能实验室研究和开发了第一种机器人语言——WAVE语言，它具有动作描述、能配合视觉传感器进行手眼协调控制等功能。

1974 年，在 WAVE 语言的基础上开发了 AL 语言，它是一种编译形式的语言，可以控制多台机器人协调动作。

1975 年，IBM 公司研制出 ML 语言，主要用于机器人的装配作业，随后又研制出 AU-TOPASS 语言，是用于装配的更高级语言，可以半自动编程。

1979 年，美国 Unimation 公司开发了 VAL 语言，并配置在 PUMA 机器人上，成为实际使用的机器人语言，它是一种类 BASIC 语言，语句结构比较简单，易于编程。1984 年，Unimation 公司又推出了 ALI 语言。

20 世纪 80 年代初，美国 Automatix 公司开发了 RAL 语言，该语言可以利用传感器的信息进行零件作业的检测。同时，麦道公司研制了 MCL 语言，是一种在数控自动编程语言——APT 语言的基础上发展起来的。

2. 工业机器人编程语言的基本功能

程序员能够指挥机器人系统去完成的分立单一动作就是基本程序功能，例如把工具移动至某一指定位置、操作末端执行装置、从传感器或手调输入装置读个数等。机器人工作站的系统程序员的责任是选用一套对作业程序员工作最有用的基本功能，这些基本功能包括运算、决策、通信、机械手运动、工具指令以及传感器数据处理等。许多正在运行的机器人系统，只提供机械手运动和工具指令以及某些简单的传感数据处理功能。

(1) 运算功能　在作业过程中执行的规定运算能力是机器人控制系统最重要的能力之一。

如果机器人未装有任何传感器，那么就可能不需要对机器人程序规定什么运算。没有传感器的机器人只不过是一台适于编程的数控机器。

装有传感器的机器人所进行的一些最有用的运算是解析几何计算，包括机器人的正解答、逆解答、坐标变换及矢量运算等。根据运算结果，机器人能自行决定工具或手爪下一步应到达何处。

(2) 决策功能　机器人系统能够根据传感器输入的信息做出决策，而不必执行任何运算。按照未处理的传感器数据计算得到的结果，是做出下一步该干什么这类决策的基础。这种决策能力使机器人控制系统的功能更强有力。

(3) 通信功能　机器人系统与操作人员之间的通信能力，允许机器人要求操作人员提供信息、告诉操作者下一步该干什么，以及让操作者知道机器人打算干什么。人和机器能够通过许多不同方式进行通信，即机器人系统与操作人员的通信，包括机器人向操作人员要求信息和操作人员知道机器人的状态、机器人的操作意图等。其中，许多通信功能由外部设备来协助提供。

机器人提供信息的外部设备有信号灯、字符显示设备、图形显示设备、语言合成器及音响设备；人对机器人"说话"的外部设备有按钮、键盘、光标及光笔、光学字符阅读机、远距离操纵主控装置；其他还有如语音输入/输出等设备。

（4）机械手运动功能　机械手运动是最基本的功能。机械手的运动可由不同方法来描述。最简单的方法是向各关节伺服装置提供一系列关节位置及其姿态信息，然后等待伺服装置到达这些规定位置。

比较复杂的方法是在机械手工作空间内插入一些中间位置，这些程序使所有关节同时开始运动和同时停止运动。用与机械手的形状无关的坐标来表示工具位置是更先进的方法，而且（除 *X-Y-Z* 机械手外）需要一台计算机对解答进行计算。在笛卡儿空间内插入工具位置能使工具端点沿着路径跟随轨迹平滑运动。引入一个参考坐标系，用以描述工具位置，然后让该坐标系运动，这对很多情况是很方便的。

（5）工具指令功能　一个工具控制指令通常是由闭合某个开关或继电器而开始触发的，而继电器又可能把电源接通或断开，以直接控制工具运动，或者送出一个小功率信号给电子控制器，让后者去控制工具。直接控制是最简单的方法，而且对控制系统的要求也较少。可以用传感器来感受工具运动及其功能的执行情况。

（6）传感数据处理功能　传感数据处理是许多机器人程序编制十分重要而又复杂的组成部分。用于机械手控制的通用计算机只有与传感器连接起来，才能发挥其全部效用。传感器具有多种形式，按照功能把传感器概括如下：

1）内体感受器用于感受机械手或其他由计算机控制的关节式机构的位置。

2）触觉传感器用于感受工具与物体（工件）间的实际接触。

3）接近度或距离传感器用于感受工具至工件或障碍物的距离。

4）力和力矩传感器用于感受装配（如把销钉插入孔内）时所产生的力和力矩。

5）视觉传感器用于"看见"工作空间内的物体，确定物体的位置或（和）识别它们的形状等。

6.2　ABB 机器人

 本节导入

ABB 于 1968 年在瑞士建立，1974 年研发出第一台全电力驱动的工业机器人 IRB 6。ABB 专注于电力电动机与运动控制，应用于电子电气与物流搬运业，也广泛应用在高度成熟的汽车生产线中。ABB 机器人的特点是极度严谨，实用至上。在技术上算法最好，但是价格略贵。ABB 对 3C 行业重视程度很高，其未来的产品将更多融合智能化、互联化、大数据等先进技术。本体企业开始走向应用端，与系统集成商的关系将会更加密切；同时，本体企业自身也开始注重集成应用的开发。

6.2.1 示教器的基本操作

1. 示教器的组成及按键/按钮介绍

本节思维导图

ABB 工业机器人的示教器分为按键、触摸屏和手动操作摇杆三部分，其正面如图 6-2 所示，背面如图 6-3 所示。

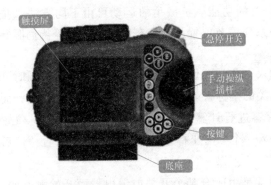

图 6-2 ABB 工业机器人示教器正面

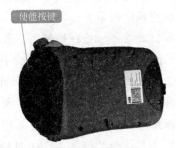

图 6-3 ABB 工业机器人示教器背面

ABB 机器人示教器的按键和按钮介绍见表 6-1。

表 6-1 按键和按钮介绍

按键/按钮	功能说明	按键/按钮	功能说明
【使能按键】	为了保证操作人员的人身安全而设置，按住才能手动移动机器人	【I/O 快捷键】	设置 I/O 口
【急停按钮】	用于使机器人紧急停止	【机器人/外轴切换】	切换成外部轴
【线性/重复定位运动切换】	用于机器人线性运动和重复定位运动的模式切换	【关节运动轴切换】	切换运动的轴
【启动程序】	手动运行程序时，启动程序或继续程序	【单步前进】	机器人单步前进，按住则连续执行
【单步后退】	机器人单步后退	【停止】	在机器人执行程序时使机器人停止
【增量开/关】	增量调节，控制手动移动机器人时的速度	【手动操作摇杆】	用于操纵机器人 6 个轴的运动，每次最多可以使 3 个轴运动；摇杆的摆动幅度越大，轴移动的速度越快

2. 示教器显示屏的界面介绍

（1）操作界面及说明 示教器操作界面如图 6-4 所示，操作界面各选项说明见表 6-2。

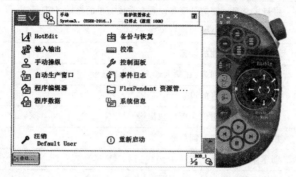

图 6-4 示教器操作界面

表 6-2 操作界面各选项说明

选项名称	说 明
HotEdit	程序模块下轨迹点位置的补偿设置窗口
输入输出	设备及查看 I/O 视图窗口
手动操纵	动作模式设置、坐标系选择、操纵杆锁定及载荷属性的更改窗口，也可显示实际位置
自动生产窗口	在自动模式下，可直接调试程序并运行
程序编辑器	建立程序模块及例行程序的窗口
程序数据	选择编程时所需程序数据的窗口
备份与恢复	可备份和恢复系统
校准	进行转数计数器和电动机校准的窗口
控制面板	进行示教器的相关设定
事件日志	查看系统出现的各种提示信息
FlexPendant 资源管理器	查看系统文件
系统信息	查看控制器及当前系统的相关信息

（2）控制面板及说明 ABB 机器人的控制面板包含了对机器人和示教器进行设定的相关功能，如图 6-5 所示，控制面板各选项的说明见表 6-3。

图 6-5 ABB 机器人的控制面板

表 6-3　控制面板各选项的说明

选项名称	说　明
外观	可自定义显示器的亮度和设置左手或右手的操作习惯
监控	动作触碰监控设置和执行设置
FlexPendant	示教器操作特性的设置
I/O	配置常用 I/O 列表，在输入输出选项中显示
语言	控制器当前语言的设置
ProgKeys	为指定输入输出信号配置快捷键
日期和时间	控制器的日期和时间配置
诊断	创建诊断文件
配置	系统参数设置
触摸屏	触摸屏重新校准

6.2.2　示教编程

（1）MoveJ 运动指令

功能：点到点运动。

格式：

MoveJ［\Conc］ToPoint［\ID］Speed［\V］|［\T］Zone［\Z］［\Inpos］Tool［\WObj］;

示例：

MoveJ p1，vmax，z30，tool2;　　　//工具 tool2 的 TCP 沿着一个非线性路径运动到位置 p1，速度数据是 vmax，zone 数据是 z30

MoveJ *，vmax \ T：=5，fine，grip3;　//工具 grip3 的 TCP 沿着一个非线性路径运动到存储在指令中的停止点（用 * 标记）。整个运动需要 5s

（2）MoveL 运动指令

功能：直线运动。

格式：

MoveL［\Conc］ToPoint［\ID］Speed［\V］|［\T］Zone［\Z］［\Inpos］Tool［\WObj］［\Corr］;

示例：

MoveL *，v2000 \V：=2200，z40 \Z：=45，grip3;

MoveL start，v2000，z40，grip3 \WObj：=fixture;

（3）MoveC 运动指令

功能：圆弧运动。

格式：

MoveC［\Conc］CirPoint ToPoint［\ID］Speed［\V］|［\T］Zone［\z］［\Inpos］Tool［\Wobj］［\Corr］;

示例：

```
MoveL p1, v500, fine, tool1;              //移动到圆弧的第一个点
MoveC p2, p3, v500, z20, tool1;           //画第一个半圆
MoveC p4, p1, v500, fine, tool1;          //画第二个半圆和第一个圆弧组成一个圆
MoveC p5, p6, v2000, fine \ Inpos : = inpos50, grip3;
```
　　　　　　　　　　　　　　　　　　　　//grip3 的 TCP 圆周运动到停
　　　　　　　　　　　　　　　　　　　　止点 p6。当停止点 fine 的
　　　　　　　　　　　　　　　　　　　　50% 的位置条件和 50% 的速
　　　　　　　　　　　　　　　　　　　　度条件满足时，机器人认
　　　　　　　　　　　　　　　　　　　　为它到达该点。它等待条
　　　　　　　　　　　　　　　　　　　　件满足最多等 2s

（4）Compact IF 指令

功能：当前指令是指令 IF 的简单化，判断条件后只允许跟一句指令，如果有多句指令需要执行，必须采用指令 IF。

格式：

IF Condition…

Condition：判断条件（bool）。

（5）IF 指令

功能：当前指令通过判断相应条件，控制需要执行的相应指令，是机器人程序流程基本指令。

格式：

IF Condition THEN…

{ELSEIF Condition THEN…}

[ELSE…]

ENDIF

Condition：判断条件（bool）。

示例：

IF reg1>5 THEN

set do1;

set do2;

ELSE

Reset do1;

Reset do2;

ENDIF

（6）WHILE 指令

功能：当前指令通过判断相应条件执行相应指令，如果符合判断条件执行循环内指令，直至判断条件不满足才跳出循环，继续执行循环以后指令。需要注意，当前指令可能存在死循环。

格式：

WHILE Condition DO

…

ENDWHILE

Condition：判断条件（bool）。

（7）FOR 指令

功能：当前指令通过循环判断标识从初始值逐渐更改最终值，从而控制程序相应循环次数，如果不使用参变量［STEP］，循环标识每次更改值为1，如果使用参变量［STEP］，循环标识每次更改值为参变量相应设置。通常情况下，初始值、最终值与更改值为整数，循环判断标识使用 i、k、j 等小写字母，是标准的机器人循环指令，常在通信端口读写、数组数据赋值等数据处理操作时使用。

格式：

FOR Loop counter FROM
Start value TO End value
［STEP Step value］DO

…

ENDFOR

Loop counter：循环计数标识（identifier）。

Start value：标识初始值（num）。

End value：标识最终值（num）。

Step value：计数更改值（num）。

（8）Reset 指令

功能：将机器人相应数字输出信号值置为 0，与指令 Set 相对应，是自动化生产的重要组成部分。

格式：

Reset signal；

signal：输出信号名称（signaldo）。

示例：

Reset do12；

（9）Set 指令

功能：将机器人相应数字输出信号值置为 1，与指令 Reset 相对应，是自动化生产的重要组成部分。

格式：

Set signal；

signal：机器人输出信号名称（signaldo）。

（10）WaitDI 指令：

功能：等待数字输入信号满足相应值才执行随后指令，可达到通信目的，是自动化生产的重要组成部分。

格式：

WaitDI Signal，Value［\ MaxTime］［\ TimeFlag］；

signal：输出信号名称（signaldo）。

Value：输出信号值（dionum）。

［\MaxTime］：最长等待时间（num）。

［\TimeFlag］：超出逻辑量（bool）。

示例：

WaitDI di_Ready，1； //机器人等待输入信号，直到信号 di_Ready 值为 1，才执行
随后指令

（11）WaitDO 指令

功能：等待数字输出信号满足相应值可执行随后指令，可达到通信目的。因为输出信号一般情况下受程序控制，此指令很少使用。

格式：

WaitDO Signal，Value［\MaxTime］［\TimeFlag］；

（12）AccSet 指令

功能：当机器人运行速度改变时，对所产生的相应加速度进行限制，使机器人高速运行时更平缓，但会延长循环时间，系统默认值为 AccSet 100，100。

格式：

AccSet Acc，Ramp；

Acc：机器人加速度百分比（num）。

Ramp：机器人加速度坡度（num）。

机器人加速度百分比值最小为 20，小于 20 以 20 计，机器人加速度坡度值最小为 10，小于 10 以 10 计。

示例：

AccSet 80，100；

（13）Add 指令

功能：在一个数字数据上增加相应的值，可以用赋值指令替代。

格式：

Add Name，AddValue；

Name：数据名称（num）。

AddValue：增加的值（num）。

示例：

Add reg1，3；等同于 reg1：=reg1+3；

Add reg1，-reg2；等同于 reg1：=reg1-reg2；

（14）Clear 指令

功能：将一个数字数据的值归零，可以用赋值指令替代。

格式：

Clear Name；

Name：数据名称（num）。

（15）Incr 指令

功能：将一个数字数据值上增加 1，可以用赋值指令替代。一般用于产量计数。

格式：

Incr Name；

Name：数据名称（num）。

（16）Decr 指令

功能：在一数字数据值上增加 1，可以用赋值指令替代。一般用于产量计数。

格式：

Decr Name；

　Name：数据名称（num）。

6.2.3 应用实例

示例：按图 6-6 所示要求编程，使机器人按照图中所示的轨迹（起点→p1→p2→p3）进行运动。

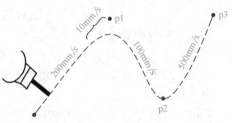

图 6-6 轨迹

参考程序：

MoveL p1，v200，z10，tool1 \ Wobj：=wobj1；

//机器人的 TCP 从当前位置向 p1 点以线性运动方式前进，速度是 200mm/s，转弯区数据是 10mm，距离 p1 点还有 10mm 的时候开始转弯，使用的工具数据是 tool1，工件坐标数据是 wobj1

MoveL p2，v100，fine，tool1 \ Wobj：=wobj1；

//机器人的 TCP 从 p1 向 p2 点以线性运动方式前进，速度是 100mm/s，转弯区数据是 fine，机器人在 p2 点稍作停顿，使用的工具数据是 tool1，工件坐标数据是 wobj1

MoveJ p3，v500，fine，tool1 \ Wobj：=wobj1；

//机器人的 TCP 从 p2 向 p3 点以关节运动方式前进，速度是 100mm/s，转弯区数据是 fine，机器人在 p3 点停止，使用的工具数据是 tool1，工件坐标数据是 wobj1

6.3 广州数控机器人

本节导入

2006 年，广州数控敏锐察觉到制造业市场环境正逐渐发生变化，包括劳动力成本上升、工厂自动化程度提高等态势正日渐显现，因此广州数控便集中大量科研人员，斥资开展工业机器人的研发生产。

历经 10 余年，广州数控逐渐成为民族机器人品牌快速崛起的典型代表并为外界熟知。截至目前，广州数控的工业机器人产品已经覆盖了 3～400kg；自由度包括 3～6 个关节，应用功能包括搬运、机床上下料、焊接、码垛、涂胶、打磨抛光等，其应用涉及数控机床、五金机械、电子、家电、建材等多个行业领域。

（续）

按键/按钮	功能说明	按键/按钮	功能说明
【TAB】按键 TAB	按下此键后,可在当前界面显示区域间切换光标;通常【TAB】按键和四个方向键共同配合,用于移动光标、选择图形元素	【输入】按键 输入	在软键盘界面,【输入】按键用于确认当前的输入内容;在修改指令时,用于确认当前指令修改的内容
【清除】按键 清除	清除报警信息(伺服报警除外);清除人机接口显示区的提示信息等	【删除】按键 删除	用于删除程序文件、指令等(完成一次删除操作需要按三次【删除】按键)
【添加】按键 添加	在程序编辑界面,按下该按键,系统就进入程序编辑的添加模式	【剪切】按键 剪切	编辑的一般模式下,有剪切指令的功能(完成一次剪切操作需要按三次【剪切】按键)
【修改】按键 修改	在程序编辑界面,按下该键,系统就进入程序编辑的修改模式	【前进】按键 前进	示教模式下,按住【使能开关】按键和此按键时,机器人按示教的程序点轨迹顺序运行
【复制】按键 复制	编辑的一般模式下,该键有复制指令的功能(完成一次复制操作需要按三次【复制】按键)	【后退】按键 后退	示教模式下按住【使能开关】按键和此按键时,机器人按示教的程序点轨迹逆向运行
【←】按键 ←	在编辑框/数字框中按下该键可以删除字符	【应用】按键 应用	一个外部开关。【转换】+【应用】按键,用于焊接启动和关闭信号

2. 示教器显示屏界面介绍

（1）操作界面及说明　示教器显示屏最上方有快捷菜单区（由左到右依次为主页面、程序、编辑、显示、工具）和系统状态显示区（由左到右依次为动作坐标、速度等级、安全模式、动作循环、程序执行状态），如图 6-8 所示。

（2）快捷菜单区　要进入 |编辑| 菜单界面有两种方法，下面以编辑界面的进入为例来说明。

1）把光标移动到快捷区，按左右键切换光标到 |编辑| 上，按下【选择】按键即可进入 |编辑| 界面。

2）按下【F3】按键即可进入 |编辑| 界面。

注：|主页面|、|程序|、|显示|、|工具| 界面的进入可参考 |编辑| 界面的进入。

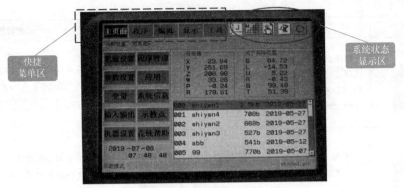

图 6-8　示教器显示屏

（3）系统状态显示区

1）动作坐标系。坐标系图标见表 6-5。

表 6-5　坐标系图标

坐标系	图　　标	坐标系	图　　标
关节坐标系	J	用户坐标系	U
直角坐标系	B	外部轴坐标系	E
工具坐标系	T		

　　每按下一次【坐标设定】按键，机器人坐标系按以下顺序变化：关节坐标系→直角坐标系→工具坐标系→用户坐标系→关节坐标系。当按【外部轴切换】按键时，坐标系在外部轴坐标系与关节坐标系、直角坐标系、工具坐标系、用户坐标系之间切换；当系统设定外部轴轴数为 0 时，按【外部轴切换】按键无效。

　　2）速度等级。显示系统当前的执行速度（包括手动速度和再现速度），有微动（I）、低速（L）、中速（M）、高速（H）、超高速（S）5 个速度等级；通过示教器上【手动速度】按键可手动增减速度等级；系统开机初始默认速度为微动等级。

微动（I）：▦　　　　低速（L）：▦

中速（M）：▦　　　　高速（H）：▦

超高速（S）：▦

　　3）安全模式：有操作模式、编辑模式、管理模式和厂家模式 4 种模式可供选择。

操作模式 ▦：面向生产线中进行机器人动作监视的操作者的模式，主要可进行机器人启动、停止、监视等操作。

编辑模式 ：面向进行示教作业的操作者的模式，比操作模式可进行的作业有所增加；注意，只有进入了编辑模式才能进行新建程序等一系列操作；出厂默认密码为 888888，可在 {主界面}→{系统设置}→{口令设置} 界面进行密码的修改。

管理模式 ：面向进行系统设计以及维护的操作者的模式，比编辑模式可进行的作业有所增加；出厂默认密码为 666666，可在 {主界面}→{系统设置}→{口令设置} 界面进行密码的修改。

厂家模式 ：为最高权限，可修改所有参数；一般操作时不需进入该模式。

4）动作循环（示教模式下进行）：显示当前的动作循环，该循环仅在示教模式通过【使能开关】+【前进】/【后退】按键检查程序时有效，再现模式下无效。

单步： 　　连续：

5）程序执行状态：显示系统中当前程序的执行状态。

停止中： 　　暂停中：

急停中： 　　运行中：

6.3.2　示教编程

1. 运行模式

1）示教模式：手动移动机器人或示教、编写、修改运行程序，可进行各种参数设置和文件操作，但必须获得相应的权限。

2）再现模式：机器人执行用户程序、完成各种预定动作和任务的过程，可选择运行程序，查看各种监控信息，但不能执行程序的编辑或系统参数设置的操作。

3）远程模式：可通过外部输入信号指定进行接通伺服电源、启动、暂停、急停、调出主程序等有关操作。

2. 全局变量

全局变量分为全局字节型变量（B）、全局整数型变量（I）、全局双精度型变量（D）、全局实数型变量（R）、全局笛卡儿位姿变量（PX）。

所有程序文件共享这些变量，使用系统全局变量前需要给变量初始化。

3. 机器人基本指令

（1）MOVJ 运动指令

功能：以点到点（PTP）方式移动到指定位姿。

格式：

MOVJ P<位姿变量名>，V<速度>，Z<精度>；

示例：

MOVJ P＊，V30，Z0；

（2）MOVL 运动指令

功能：以直线插补方式移动到指定位姿。

格式：

MOVL P<位姿变量名>，V<速度>，Z<精度>；

示例：

MOVL P＊，V30，Z0；

（3）MOVC 运动指令

功能：以圆弧插补方式移动到指定位姿。

格式：

MOVC P<位姿变量名>，V<速度>，Z<精度>；

示例：

MOVC P2，V50，Z1；　　　　//圆弧起点

MOVC P3，V50，Z1；　　　　//圆弧中点

MOVC P4，V60，Z1；　　　　//圆弧终点

（4）DOUT 输出指令

功能：数字信号输出端口置位指令。

格式：

DOUT OT<输出端口>，<ON/OFF>；

示例：

DOUT OT16，OFF，ENDP，DS100；　　　　//当距离 P4 目标点 100mm 时，输出端口"16"将置 OFF

（5）PULSE 脉冲输出指令

功能：输出一定宽度的脉冲信号，作为外部输出信号。

格式：

PULSE OT<输出端口>，T<时间（sec）>；

（6）WAIT 输入指令

功能：等待直到外部输入信号的状态符合指定的值。

格式：

WAIT IN<输入端口>，<ON/OFF>，T<时间>；

示例：

WAIT IN16，ON，T3；　　//在执行该指令时，若是在 3s 内接收到 IN16＝ON 时，程序马上顺序运行；

若是 3s 内等不到 IN 16＝ON，程序也会顺序执行

（7）DELAY 延时指令

功能：使机器人延时运行指定时间。

格式：

DELAY T<时间（sec）>；

示例：

DELAY T5；　　//延时 5s

（8）MAIN 程序开始指令

功能：程序开始（系统默认行）。

格式：

MAIN；

（9）LAB 标签指令

功能：标明要跳转到的语句。

格式：

LAB<标签号>

参数：<标签号>与 JUMP 跳转指令配合使用，同一个程序文件里标签号不允许相同。

示例：

LAB0　　　　　//标签 0

（10）JUMP 跳转指令

功能：跳转到指定标签。

格式：

JUMP LAB<标签号>；

JUMP LAB<标签号>，IF<变量><比较符><变量/常量>；

JUMP LAB<标签号>，IF IN<输入端口>＝＝<ON/OFF>；

示例：

JUMP LAB1，IF IN1＝＝ON；　　　//当 IN1 满足条件时跳转到标签 1，不满足条件则顺
　　　　　　　　　　　　　　　　　　序执行

（11）CALL 调用子程序指令

功能：调用指定程序。

格式：

CALL JOB；

（12）RET 调用子程序返回指令

功能：子程序调用返回。

格式：

RET；

（13）#注释指令

功能：注释语句。

格式：

#<注释语句>；

（14）SET 置位算术指令

功能：把操作数 2 的值赋给操作数 1。

格式：

SET<操作数 1>，<操作数 2>；

（15）DEC 自减算术指令

功能：在指定操作数的值上减 1。

格式：

DEC<操作数>；

（16）ADD 加法算术指令

功能：把操作数 1 与操作数 2 相加，结果存入操作数 1 中。

格式：

ADD<操作数 1>，<操作数 2>；

（17）SUB 减法算术指令

功能：把操作数 1 与操作数 2 相减，结果存入操作数 1 中。

格式：

SUB<操作数 1>，<操作数 2>；

（18）MUL 乘法算术指令

功能：把操作数 1 与操作数 2 相乘，结果存入操作数 1 中。

格式：

MUL<操作数 1>，<操作数 2>；

（19）DIV 除法算术指令

功能：把操作数 1 除以操作数 2，结果存入操作数 1 中。

格式：

DIV<操作数 1>，<操作数 2>；

（20）SETE 算术指令

功能：把操作数 2 变量的值赋给笛卡儿位姿变量中的元素。

格式：

SETE PX<变量号>（元素号），操作数 2；

（21）PX 平移指令

功能：给 PX 变量（笛卡儿位姿变量）赋值，用于平移功能。

格式：

PX<变量名>=PX<变量名>；

PX<变量名>=PX<变量名>+PX<变量名>；

PX<变量名>=PX<变量名>-PX<变量名>；

（22）SHIFTON 平移开始指令

功能：指定平移开始及平移量。

格式：

SHIFTON PX<变量名>；

（23）SHIFTOFF 平移结束指令

功能：结束平移标志。

格式：

SHIFTOFF；

6.3.3 应用实例

示例：按图 6-9 所示要求编程，使机器人按照图中所示的轨迹（P0→P1→P2→P3→P4→P0）进行运动。

参考程序：

```
0001 MAIN;
0002 MOVL P0,V20,Z0;          //移动到 P0 点
0003 MOVJ P1,V20,Z0;          //移动到 P1 点
```

0004 MOVL P2,V100,Z0;   //移动到 P2 点

0005 MOVL P3,V100,Z0;   //移动到 P3 点

0006 MOVL P4,V100,Z0;   //移动到 P4 点

0007 MOVL P0,V20,Z0;   //再次移动到 P0 点

0008 END；

具体操作流程如下：

1）新建一个程序，程序名为 job1，进入｛编辑｝界面，如图 6-10 所示。

2）按照示教操作的步骤，将机器人示教到工作台的附近点 P0 处。

3）按［添加］按键，打开指令菜单，如图 6-11 所示。

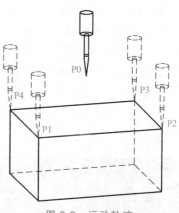

图 6-9 运动轨迹

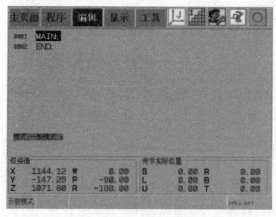

图 6-10 ｛编辑｝界面 1

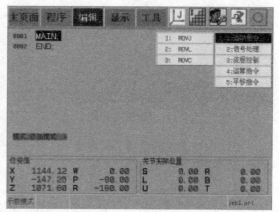

图 6-11 ｛编辑｝界面 2

4）将光标移动到 MOVJ 指令，如图 6-12 所示。

5）按［使能开关]+[选择］按键，将 MOVJ 指令添加到程序中，如图 6-13 所示。

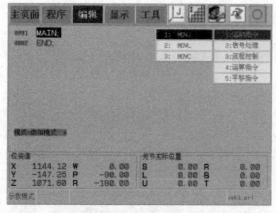

图 6-12 ｛编辑｝界面 3

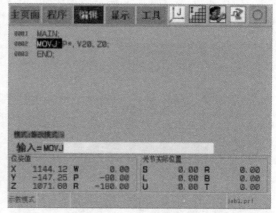

图 6-13 ｛编辑｝界面 4

6）通过左右方向键，将光标移动到 MOVJ 指令的"P＊"处，此时 P＊代表一个示教

点，它自动记录下了机器人当前所在的位置，即 P0 点，如图 6-14 所示。

7）通过数值按键输入 0。

8）按［输入］按键，即可将"P*"改成"P0"。此时只是修改了示教点的编号，而此时该文件并没有创建过 P0 点，因此系统会将 P* 点的值赋予 P0，此时指令中的 P0 同样为图 6-9 中 P0 点的位置。

9）将机器人示教到图 6-9 中的 P1 点处，按［添加］按键，添加 MOVJ 指令到程序中，如图 6-15 所示。

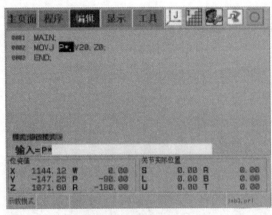

图 6-14 ［编辑］界面 5　　　　　　　　　　　图 6-15 ［编辑］界面 6

10）将 MOVJ 指令的 P* 改成 P1，此时 P1 同样记录机器人 TCP 当前所在的位置值，即图 6-9 中的 P1 点，如图 6-16 所示。

11）因为图 6-9 中的 4 个点 P1、P2、P3、P4 是长方形平面上的点，因此在直角坐标系下示教机器人更加方便，只需在 XY 平面上移动机器人即可。通过［坐标设定］按键，将系统坐标系切换到"直角坐标系"进行示教。

12）通过［使能开关］+[Y+]/[Y-]/[X+]/[X-]按键，方便地示教机器人到达图 6-9 中的 P2 点。

13）通过［添加］按键，添加一条 MOVL 指令，记录下图 6-9 中 P2 点的位置，并将 MOVL 的 P* 修改成 P2，如图 6-17 所示。

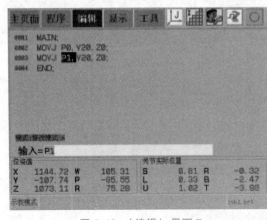
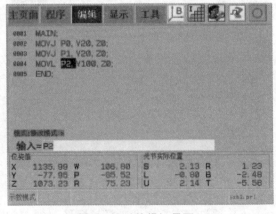

图 6-16 ［编辑］界面 7　　　　　　　　　　　图 6-17 ［编辑］界面 8

14）依照前面的操作，顺序将图 6-9 中的 P3、P4 点记录在程序中。

15）此时，机器人处于图 6-9 中 P4 点处。现在还需要让机器人从 P4 点运动到 P0 点处，但此时也可无须示教移动机器人到图 6-9 中 P0 点处，只需再添加一条 MOVJ 指令，并将"P ∗"改成"P0"，此时系统出现提示"P0 点已存在，是否将 P ∗ 的位置值赋予 P0"，如图 6-18 所示。

因为此时的 P ∗ 点记录的是机器人当前的位置点，即图 6-9 中的 P4 点，现在将 P ∗ 点修改成 P0 点，而 P0 点已经存在值（记录了图 6-9 中 P0 点的位置），因此系统需要询问，是否要更改示教点 P0 点的值。若选择了"是"，则 P0 点所记录的位置不再是图 6-9 中 P0 处的位置了，而是机器人 P ∗ 所代表的位置；若选择了"否"，则 P0 的值不变，依然记录着图 6-9 中 P0 点的位置。这里选择"否"，即该条指令只是引用已经出现过的示教点 P0，而无须再次将机器人示教到图 6-9 中 P0 点处。

16）此时，整个程序已经编辑完成，该文件中的指令记录了所有工作所需的示教点，机器人将顺序执行程序中的指令，即完成了工作的轨迹要求，按照 P0→P1→P2→P3→P4→P0 的顺序进行运动。

17）按 ［F2］ 按键，进入 ｛程序｝ 界面，此时系统完成了对程序 job1 的保存，并在该 ｛程序｝ 界面显示，如图 6-19 所示。

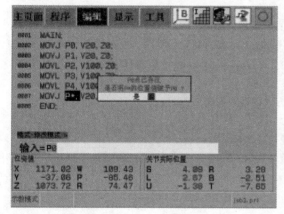
图 6-18　｛编辑｝ 界面 9

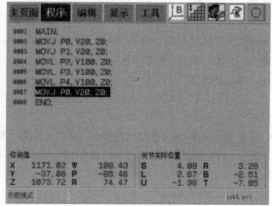
图 6-19　｛程序｝ 界面

6.4　本章小结

本章阐述了机器人编程的意义、编程方式、编程语言，常用的编程方法有示教编程、机器人语言编程和离线编程。在本章中详细地介绍了目前机器人最常用的编程方式——示教编程，随后介绍了编程语言的发展与 6 个基本功能（包括运算、决策、通信、机械手运动、工具指令以及传感数据处理）。机器人所有的操作与编程基本上都是通过示教器来完成的，因此本章中重点研究示教器。本章介绍了两种类型机器人对应的示教器，分别是 ABB 机器人和广州数控机器人。其中，每一种类型的示教器都分别介绍了示教器的基本操作、示教编程、应用示例三个部分，每一款示教器的侧重点不一样，但都包括了操作按键、程序编辑过程、相关指令等知识。

 思维导图

扫码查看本章高清思维导图全图

思考与练习

一、填空题

1. 示教器是_____与_____的接口操作装置。

2. 示教点是指_____中的某个位置点。GR-C 系统用_____表示一个示教点，其中 X、Y、Z 是指该位置点在笛卡儿坐标系中的具体位置值，W、P、R 是指机器人 TCP 端点在该位置时的方位，也称为_____。

二、判断题

1. ABB 机器人运行状态切换旋钮，右边的为自动运行，中间的为手动限速运行，左侧为手动全速运行。（　　　）

2. 对机器人各轴进行操作的键，可以按住两个或更多的键操作更多的轴。（　　　）

3. 机器人执行用户程序，完成各种预定动作和任务的过程，可选择运行程序，查看各种监控信息，也能执行程序的编辑或系统参数设置的操作。（　　　）

三、单选题

1. （　　　）运动指令的功能是以点到点（PTP）方式移动到指定位姿。

　　A. MOVJ　　　　B. MOVL　　　　C. MOVC　　　　D. PULSE

2. 按下（　　　）按键，光标在"菜单区"和"通用显示区"移动。

　　A.［选择］　　　B.［主菜单］　　　C.［区域］

3. （　　　）坐标系固定于机器人法兰上。

　　A. WORLD　　　B. ROBROOT　　　C. ASE　　　　　D. FLANGE

四、简答题

1. 在 ABB 机器人中如何进入想要调试的程序？

2. 简述示教模式、再现模式、远程模式的概念。

扫码查看答案

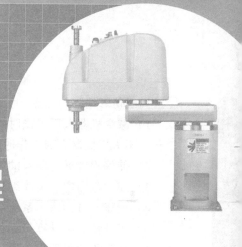

第 7 章
工业机器人的离线编程与仿真

目前，机器人常用的编程方式有两种，一种是示教编程，另一种是离线编程。随着机器人应用领域的扩展，示教编程在有些行业显得力不从心了，于是离线编程逐渐成为当前较为流行的一种编程方式。工业机器人离线编程仿真系统，是通过计算机对实际的机器人系统进行模拟的技术。机器人仿真系统可以通过单机或者多台机器人组成工作站或者生产线。工业机器人的仿真软件，可以在制造单机和生产线产品之前模拟出实物，这不仅可以缩短生产的工期，还可以避免不必要的返工。目前比较常用的工业机器人离线编程仿真系统有瑞士ABB 公司配套的 RobotStudio 软件以及目前国内品牌离线编程软件中顶尖的 RobotArt（现已更名为 PQArt）软件。

7.1　工业机器人的离线编程

本节导入

机器人离线编程系统是编程语言的拓广，是利用计算机图形学的成果。在计算机里建立起机器人及其工作环境的模型后，软件可以根据被加工零件的大小、形状、材料，同时配合软件使用者的操作，自动生成机器人的运动轨迹（即控制指令），然后在软件中仿真与调整轨迹，最后生成机器人程序传输给机器人。离线编程克服了在线示教编程的很多缺点，充分利用了计算机的功能，减少了编写机器人程序所需的时间成本，同时也降低了在线示教编程的不便。

7.1.1　离线编程的特点

目前，离线编程广泛应用于打磨、去飞边、焊接、激光切割、数控加工等机器人新兴应用领域。示教编程与离线编程的对比见表 7-1。

本节思维导图

表 7-1　示教编程与离线编程的对比

示教编程的特点	离线编程的特点
需要实际机器人系统和工作环境	需要机器人系统和工作环境的图形模型
编程时机器人停止工作	编程时不影响机器人工作
在实际系统上试验程序	通过仿真试验程序
编程的质量取决于编程者的经验	可用 CAD 方法进行最佳轨迹规划
难以实现复杂的机器人运行轨迹	可实现复杂运行轨迹的编程

离线仿真编程的优点：

1）减少机器人不工作时间。当对机器人下一个任务进行编程时，机器人仍可在生产线工作，不占用机器人的工作时间。

2）使编程者远离危险的编程环境。

3）使用范围广。离线编程系统可对机器人的各种工作对象进行编程。

4）便于CAD/CAM系统结合，做CAD/CAM/robotics一体化。

5）可使用高级计算机编程语言对复杂任务进行编程。

6）便于修改机器人程序。

7.1.2 离线编程系统的构成与关键技术

1. 离线编程系统的构成

一般说来，机器人离线编程系统包括传感器、机器人系统CAD建模、离线编程、图形仿真、人机界面以及后置处理等主要模块，如图7-1所示。

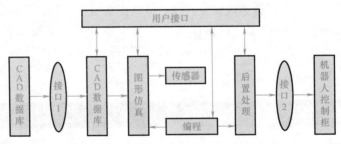

图7-1 离线编程系统的构成

2. 离线编程的关键技术

机器人离线编程系统正朝着集成的方向前进，其中包含了多个领域中的多个学科，为推动这项技术的进一步发展，以下几个方面的技术是关键：

1）多传感器融合技术的建模与仿真。随着机器人智能化的提高，传感技术在机器人系统中的应用越来越重要，因而需要在离线编程系统中对多传感器进行建模，实现多传感器的通信，执行基于多传感器的操作。

2）错误检测和修复技术。系统执行过程中发生错误是难免的，应对系统的运行状态进行检测以监视错误的发生，并采用相应的修复技术。

3）各种规划算法的进一步研究，其包括路径规划、放置规划和微动规划等。规划一方面要考虑到环境的复杂性、连续性和不确定性，另一方面又要充分注意计算的复杂性。

4）通用有效的误差标定技术，以应用于各种实际应用场合的机器人的标定。

5）具体应用的工艺支持。如弧焊，作为离线编程应用比较困难的领域，不只是姿态、轨迹的问题，而且需要更多的工艺方面的研究以及相应的专家系统。

3. 离线编程的误差

离线编程的误差主要有如下两种：

1）第一种是外部误差，包括机器人和工装的安装误差、工装的加工误差等。

2）第二种是内部误差，即机器人本体在加工制造时产生的误差。

7.2　ABB 机器人的离线编程仿真软件

本节导入

RobotStudio 是一款机器人仿真软件,可以用计算机实现自动编程。借助虚拟机器人技术进行离线编程,如同将真实的机器人搬到了用户的计算机中。利用 RobotStudio 提供的各种工具,可在不影响生产的前提下执行培训、编程和优化等任务,不仅提升机器人系统的盈利能力,还能降低生产风险,加快投产进度,缩短换线时间,提高生产效率。Robot-Studio 是以 ABB Virtual Controller 为基础开发的软件,与机器人在实际生产中运行的软件完全一致。因此,RobotStudio 可执行十分逼真的模拟,所编制的机器人程序和配置文件均可直接用于生产现场。

7.2.1　RobotStudio 仿真软件的功能与界面

本节思维导图

1. 主要功能

1) CAD 导入。RobotStudio 可轻易地以各种主要的 CAD 格式导入数据,包括 IGES、VRML、VDAFS、ACIS 和 CATIA。通过使用此类非常精确的 3D 模型数据,机器人程序设计员可以生成更为精确的机器人程序,从而提高产品质量。

2) 自动路径生成。这是 RobotStudio 最节省时间的功能之一。通过使用待加工部件的 CAD 模型,可在短短几分钟内自动生成跟踪曲线所需的机器人位置。如果人工执行此项任务,可能需要数小时或数天。

3) 自动分析伸展能力。此便捷功能可让操作者灵活移动机器人或工件,直至所有位置均可到达;可在短短几分钟内验证和优化工作单元布局。

4) 碰撞检测。在 RobotStudio 中,可以对机器人在运动过程中是否可能与周边设备发生碰撞进行一个验证和确认,以确保机器人离线编程得出的程序的可用性。

5) 在线作业。使用 RobotStudio 与真实的机器人进行连接通信,对机器人进行便捷的监控、程序修改、参数设定、文件传送及备份恢复的操作,使调试与维护工作更轻松。

6) 模拟仿真。根据设计,在 RobotStudio 中进行工业机器人工作站的动作模拟仿真以及周期和节拍的统计,为工程的实施提供真实的验证。

7) 应用功能包。针对不同的应用推出功能强大的工艺功能包,将机器人更好地与工艺应用进行有效的融合。

8) 二次开发。提供功能强大的二次开发平台,使机器人应用实现更多的可能,满足机器人的科研需要。

2. RobotStudio 6.04.01 的主菜单

RobotStudio 6.04.01 的主菜单包括文件、基本、建模、仿真、控制器、RAPID、Add-Ins 七个功能选项卡,如图 7-2 所示。

【文件】功能选项卡包含保存工作站、保存工作站为、打开、关闭工作站、信息、最

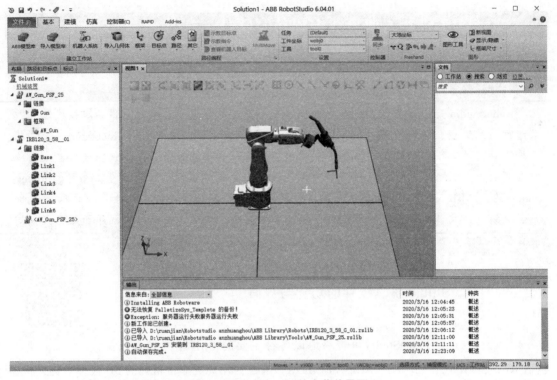

图 7-2　RobotStudio 的主菜单界面

近、新建、打印、共享、在线、帮助、选项和退出等功能。

【基本】功能选项卡包含建立工作站、路径编程、设置、控制器、Freehand 和图形等功能，如图 7-3 所示。

图 7-3　【基本】功能选项卡

【建模】功能选项卡包含创建、CAD 操作、测量、Freehand 和机械功能，如图 7-4 所示。

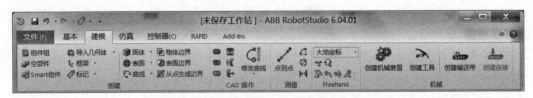

图 7-4　【建模】功能选项卡

【仿真】功能选项卡包含碰撞监控、配置、仿真控制、监控、信号分析器和录制短片功能，如图 7-5 所示。

图 7-5　【仿真】功能选项卡

【控制器】功能选项卡包含进入、控制器工具、配置、虚拟控制器和传送功能，如图 7-6 所示。

图 7-6　【控制器】功能选项卡

【RAPID】功能选项卡包含进入、编辑、插入、查找、控制器、测试和调试功能，如图 7-7 所示。

图 7-7　【RAPID】功能选项卡

【Add-Ins】功能选项卡包含社区、RobotWare 和齿轮箱热量预测功能，如图 7-8 所示。

图 7-8　【Add-Ins】功能选项卡

7.2.2　RobotStudio 中工作站的建立

1. 创建一个新的工作站

单击【文件】→【新建】→【空工作站】→【创建】，即可创建一个空工作站，如图 7-9 所示。

2. 导入机器人

以 IRB2600 型号为例，单击【基本】→【ABB 模型库】→【IRB2600】，在设置框设定好承

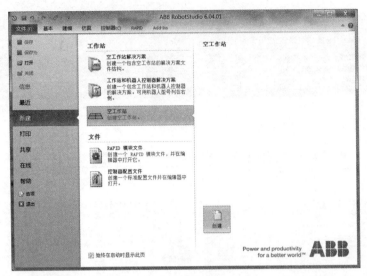

图 7-9　创建空工作站

载能力和到达距离数值，一般为默认值，然后单击【确定】，如图 7-10 所示。

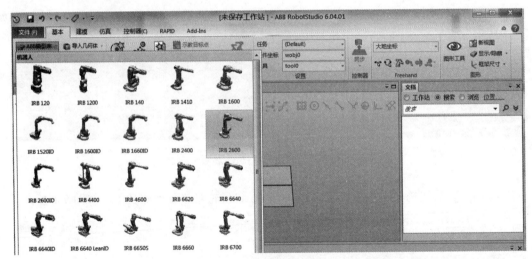

图 7-10　导入机器人

3. 导入夹具

如图 7-11 所示，单击【基本】→【导入模型库】→【设备】→【myTool】，然后在左侧布局视图中，左键按住【myTool】拖到【IRB2600_12_165_02】再松开，在弹出的更新位置的提示框中单击【是】，如图 7-12 所示。

4. 摆放周边的模型

以常用工作台为例。如图 7-13 所示，选择【基本】→【导入模型库】→【设备】→【propeller table】。如图 7-14 所示，在布局中右键单击【IRB2600_12_165_02】弹出快捷菜单，单击【显示机器人工作区域】。如图 7-15 所示，白色区域即为机器人可到达的范围，然后在 Freehand 工具栏中选定大地坐标及【移动】按钮，将 propeller table 移动到机器人的最佳工作范围内，这样才能提高节拍和方便轨迹规划。

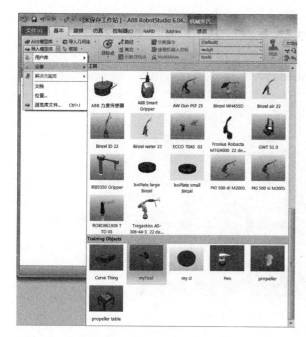

图 7-11　导入夹具

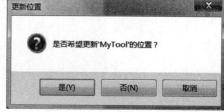

图 7-12　"更新位置"提示框

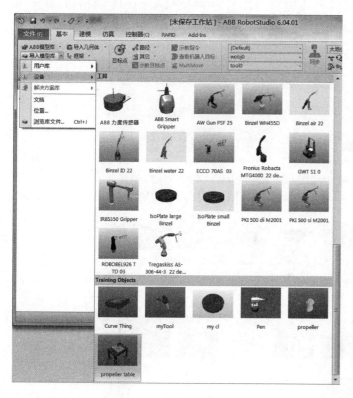

图 7-13　导入 propeller table

图 7-14　显示机器人工作
区域命令

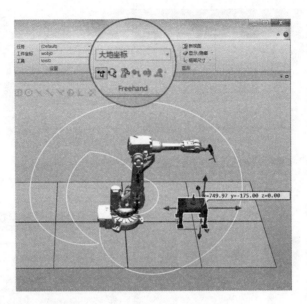

图 7-15　机器人可到达范围

5. 放置工件

如图 7-16 所示，选择【基本】→【导入模型库】→【设备】→【Curve Thing】，右键单击【Curve Thing】，选择【位置】→【放置】→【两点】，如图 7-17 所示，然后选择捕捉工具中的

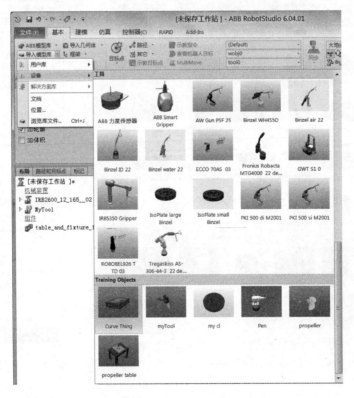

图 7-16　导入 Curve Thing

【选择部件】和【捕捉末端】，单击【主点-从】坐标框，依次选择工件底部的第一个点以及与之重合的工作台顶部的点，X 轴方向上工件底部的第二个点以及与之重合的工作台顶部的点，如图 7-18 所示，然后单击【应用】，如图 7-19 所示，工件即放置在工作台上。

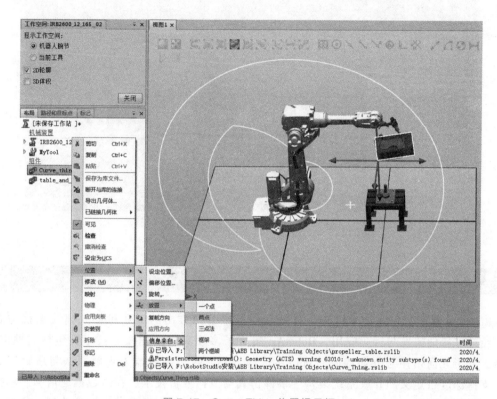

图 7-17　Curve Thing 位置提示框

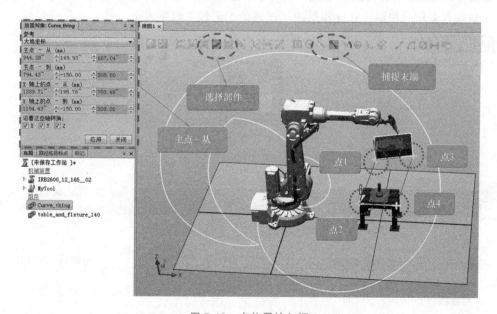

图 7-18　点位置输入框

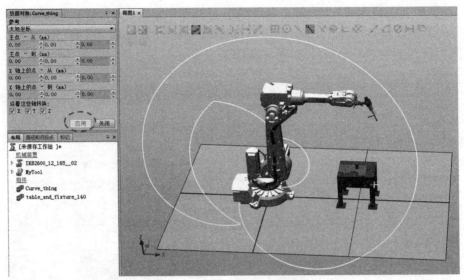

图 7-19 Curve Thing 位置效果图

7.3 其他离线编程仿真软件

RobotArt 是北京华航唯实机器人科技股份有限公司推出的工业机器人离线编程仿真软件。经过多年的研发与行业应用，RobotArt 集成了多项离线编程核心技术，包括高性能 3D 平台、基于几何拓扑与历史特征的轨迹生成与规划、自适应机器人求解算法与后置生成技术、支持深度自定义的开放系统架构、事件仿真与节拍分析技术、在线数据通信与互动技术等。它的功能覆盖了机器人集成应用完整的生命周期，包括方案设计、设备选型、集成调试及产品改型。RobotArt 在打磨、抛光、喷涂、涂胶、去飞边、焊接、激光切割、数控加工、雕刻等领域有多年的积淀，并逐步形成了成熟的工艺包与解决方案。

📖 **思维导图**

扫码查看本章高清思维导图全图

💬 **思考与练习**

一、填空题

RobotStudio 6.04.01 的主菜单包括_____、_____、_____、_____、控制器、RAPID、Add-Ins 七个功能选项卡。

二、判断题

RobotStudio 创建一个新的工作站：【文件】→【创建】→【空工作站】→【新建】。（　　）

三、简答题

简述在 RobotStudio 中可以实现的主要功能。

扫码查看答案

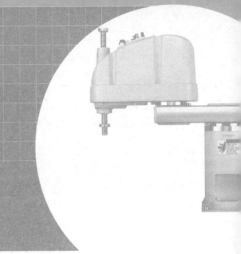

第**8**章
工业机器人
的典型行业应用

随着"工业4.0"和"中国制造2025"的相继提出和不断深化，全球制造业正在向着自动化、集成化、智能化及绿色化方向发展。我国作为全球第一制造大国，以工业机器人为标志的智能制造在各行业的应用越来越广泛。工业机器人应用范围比较广阔，以汽车、电子、电器以及金属加工产业为主要应用领域，主要使用场景则以搬运、焊接、上下料、喷涂、打磨抛光为主。从目前发展来看，纺织、制鞋、食品加工等轻工业的机器人装机量也在快速增长。因此，了解并学习工业机器人在各领域的应用情况，建立初步的工业机器人工作站设计思路具有重要意义。

8.1　工业机器人的应用准则与工作站设计

本节导入

工业机器人自动化生产线已经成为自动化装备的主流和未来的发展方向。现在，汽车、电子、电器、工程机械、医药、煤化工等很多行业已经装备工业机器人自动化生产线，以保证产品质量，提高生产效率。由于工业机器人的可编程性和通用性较好，能满足工业产品多样化、小批量的生产要求，因此工业机器人的应用领域也得到了极大的扩展。本节围绕工业机器人的应用及工作站的一般设计原则进行阐述，以帮助读者建立机器人工作站设计的基本思路。

8.1.1　工业机器人的应用准则

在设计和应用工业机器人时，应全面和均衡考虑机器人的通用性、环境的适应性、耐久性、可靠性和经济性等因素，具体遵循的准则如下：

本节思维导图

1. 在恶劣的环境中应用机器人

机器人可以在有毒、风尘、噪声、振动、高温、易燃、易爆等危险或有害的环境中长期稳定地工作。在技术、经济合理的情况下，可采用机器人逐步把人从这些工作岗位上替代下来，以改善工人的劳动条件，降低工人的劳动强度。

2. 在生产率和生产质量落后的部门应用机器人

现代化生产的分工越来越细，操作越来越简单，劳动强度越来越大，可以用机器人高效地完成一些简单、重复性的工作，以提高生产效率和生产质量。

3. 从长远考虑需要机器人

一般来说，人的寿命要比机械设备的寿命长。不过，如果经常对机械设备进行保养和维修，对易换件进行补充和更换，有可能使机械设备的寿命超过人类。另外，工人会由于其自身的意志而放弃工作、停工或辞职，而工业机器人没有自己的意愿，它不会在工作中途因故障以外的原因而停止工作，能够持续地工作直至其机械寿命完结。

与只能完成单一特定作业的设备不同，机器人不受产品性能、所执行任务的类型或具体行业的限制，若产品更新换代频繁，则通常只需要重新编制机器人程序，同时通过换装不同类型的末端执行器来完成部分改装即可继续使用。

4. 考虑机器人的使用成本

虽然使用机器人可以减轻工人的劳动强度，但人们往往更关心使用机器人的经济性。一般从劳动力、材料、生产率、能源、设备等方面比较人和机器人的使用成本，若使用机器人能够带来更大的效益，则可优先选用机器人。

5. 应用机器人时需要人

在应用机器人代替工人操作时，要考虑工业机器人的实际工作能力，用现有的机器人完全取代工人显然是不可能的，机器人只能在人的控制下完成一些特定的工作。

8.1.2 机器人工作站的一般设计原则

机器人工作站是指使用一台或多台机器人，配以相应的周边设备，用于完成某一特定工序作业的独立生产系统，也可称为机器人工作单元。它主要由机器人及其控制系统、辅助设备及其他周边设备所构成。在这种构成中，机器人及其控制系统应尽量选用标准装置，对于个别特殊的场合需设计专用机器人；而末端执行器等辅助设备及其他周边设备则随应用场合和工件特点的不同存在着较大差异。因此，这里只阐述一般工作站的构成和设计原则。

工作站的设计是一项较为灵活多变、关联因素很多的技术工作，若将共同因素抽象出来，可得出一般的设计原则：

1）设计前必须充分分析作业对象，拟定最合理的作业工艺。

2）必须满足作业的功能要求和环境条件。

3）必须满足生产节拍要求。

4）整体及各组成部分必须全部满足安全规范及标准。

5）各设备及控制系统应具有故障显示及报警装置。

6）便于维护修理。

7）操作系统便于联网控制。

8）工作站便于组线。

9）操作系统应简单明了，便于操作和人工干预。

10）经济实惠，快速投产。

这十项设计原则体现了工作站用户的多方面需要，简单来说，就是千方百计地满足用户的要求。下面只对具有特殊性的前四项原则展开讨论。

1. 作业顺序和工艺要求

对作业对象（工件）及其技术要求进行认真细致的分析，是整个设计的关键环节，它直接影响工作站的总体布局、机器人型号的选择、末端执行器和变位机等的结构，以及其周边机器型号的选择等。在设计工作中，这一内容所投入的精力和时间占总设计时间的 15%～50%。工件越复杂，作业难度越大，投入精力的比例就越大；分析得越透彻，工作站的设计依据就越充分，将来工作站的性能就可能越好，调试时间和修改变动量就可能越少。一般来说，工件的分析包含以下几个方面。

1）工件的形状决定了机器人末端执行器和夹具的结构及工件的定位基准。在成批生产中，对工件形状的一致性应有严格的要求。在定位困难时，需与用户商讨适当改变工件形状的可能性，使更改后的工件既能满足产品要求又能为定位提供方便。

2）工件的尺寸及精度对机器人工作站的使用性能有很大的影响，特别是精度决定了工件形状的一致性。设计人员应对与工作站相关的关键尺寸和精度提出明确的要求。一般情况下，与人工作业相比，工作站对工件尺寸及精度的要求更为苛刻。尺寸及精度的具体数值要根据机器人的工作精度、辅助设备的综合精度以及本站产品的最终精度来确定。需要特别注意的是，如果在前期工序中对工件尺寸控制不准、精度偏低，就会造成工件在机器人工作站中的定位困难，甚至造成引入机器人工作站决策的彻底失败。因此，引入机器人工作站之前，必须对工件的全部加工工序予以研究。必要时，需改变部分原始工序，增加专用设备，使各工序相互适合，使工件具有稳定的精度。此外，工件的尺寸还直接影响周边机器的外形尺寸及工作站的总体布局。

3）当工件安装在夹具上或是放在某个搁置台上时，工件的质量和夹紧时的受力情况就成为夹具、传动系统及支架等零部件的强度和刚度设计计算的主要依据，也是选择电动机或气液系统压力时的主要参照因素之一。当工件需机器人抓取和搬运时，工件质量又成为选定机器人型号最直接的技术参数。如果工件质量过大，已经无法从现行产品中选择标准机器人，那就要设计并制造专用机器人。这种情形在冶金、建筑等行业中尤为普遍。

4）工件的材料和强度对工作站中夹具的结构设计、选择动力形式、末端执行器的结构以及其他辅助设备的选择都有直接的影响。设计时要以工件的受力和变形、产品质量符合最终要求为原则确定其他因素，必要时还应进行关键内容的试验，通过试验数据确定关键参数。

5）工作环境也是机器人工作站设计中需要引起注意的一个方面。对于焊接工作站，要注意焊渣飞溅的防护，特别是机械传动零件和电子元器件及导线的防护。在某些场合，还要设置焊枪清理装置，保证起弧质量。对于喷涂或粉尘较大的工作站，要注意有毒物的防护，包括对操作者健康的损害和对设备的化学腐蚀等。对于高温作业的工作站，要注意温度对计算机控制系统、导线、机械零部件和元器件的影响。在一些特殊场合，如强电磁干扰的工作环境或电网波动等问题，会成为工作站设计中的一个重点研究对象。

6）作业要求是用户对设计人员提出的技术期望，它是可行性研究和系统设计的主要依据。其具体内容有年产量、工作制度、生产方式、工作站占用空间、操作方式和自动化程度等。其中，年产量、工作制度和生产方式是规划工作站的主要因素。当 1 个工作站不能满足产量要求时，则应考虑设置两个甚至 3 个相同的工作站，或设置 1 个人工处理站，与机器人工作站协调作业。而操作方式和自动化程度又与 1 个工作站中机器人的数量、夹具的自动化水平、投入成本、操作者的劳动强度以及其他辅助设备有直接的关系。要充分研究作业要求，使工作站既符合工厂现状，又能生产出高质量的产品，即处理好投资与效益的关系。对于那些形状复杂、作业难度较大的工件，如果一味地追求更高的自动化程度，就必然会大大增加设计难度、投入资金以及工作站的复杂程度。有时，增加必要的人工生产则会使工作站的使用性能更加稳定、更加实用。要充分分析工厂的实际情况，多次商讨对作业的要求，最终形成行之有效的系统方案。

2. 工作站的功能要求和环境条件

机器人工作站的生产作业是由机器人连同它的末端执行器、夹具和变位机以及其他周边设备等具体完成的，其中起主导作用的是机器人。因此，这一设计原则在选择机器人时必须首先满足。满足作业的功能要求，具体到选择机器人时，可从三方面加以保证：有足够的持重能力，有足够大的工作空间，有足够多的自由度。环境条件可由机器人产品样本的推荐使用领域加以确定。下面分别加以讨论。

（1）确定机器人的持重能力　机器人手腕所能抓取的质量是机器人的一个重要性能指标，习惯上称为机器人的可搬质量。一般说来，同一系列的机器人，其可搬质量越大，它的外形尺寸、手腕工作空间、自身质量以及所消耗的功率也就越大。在设计中，需要初步设计出机器人的末端执行器，比较精确地计算它的质量，然后确定机器人的可搬质量。在某些场合，末端执行器比较复杂，结构庞大，如一些装配工作站和搬运工作站中的末端执行器。质量参数是选择机器人最基本的参数，决不允许机器人超负荷运行。因此，对于它的设计方案和结构形式应当反复研究，确定出较为合理可行的结构，减小其质量。

（2）确定机器人的工作空间　工作空间是机器人运动时手臂末端或手腕中心所能到达的所有点的集合，也称为工作区域，它是机器人的另一个重要性能指标。由于末端执行器的形状和尺寸是多种多样的，为真实反映机器人的特征参数，故作业范围是指不安装末端执行器时的工作区域。作业范围的大小不仅与机器人各连杆的尺寸有关，而且与机器人的总体结构形式有关。在设计中，首先根据质量大小和作业要求，初步设计或选用末端执行器，然后通过作图找出作业范围，只有作业范围完全落在机器人的工作空间之内，该机器人才能满足作业的范围要求。

工作空间的形状和大小是十分重要的，机器人在执行某些作业时可能会因为有末端执行器不能到达的盲区而不能完成任务。

（3）确定机器人的自由度　机器人在持重和工作空间上满足对机器人工作站或生产线的功能要求之后，还要分析它是否可以在作业范围内满足作业的姿态要求。例如，为了焊接复杂工件，一般需要 6 个自由度。如果焊体简单，又使用变位机，在很多情况下 5 个自由度的机器人即可满足要求。自由度越多，机器人的机械结构与控制就越复杂。因此，在通常情况下，如果少自由度能完成的作业就不要盲目选用更多自由度的机器人去完成。

总之，在选择机器人时，为了满足功能要求，必须从持重能力、工作空间、自由度等方面来分析，只有它们同时被满足或增加辅助装置后即能满足功能要求的条件，所选用的机器人才是可用的。

机器人的选用也常受机器人市场供应因素的影响，因此还需考虑其市场价格。只有那些可用而且价格低廉、性能可靠且有较好售后服务的机器人产品，才是应该优先选购的。

目前，机器人在各种生产领域里得到了广泛应用，如装配、焊接、喷涂和搬运、码垛等，其工作环境各不相同。为此，机器人制造厂家根据不同的应用环境和作业特点，不断地研究、开发和生产出了各种类型的机器人供用户选用。各生产厂家都对自己的产品定出了最合适的应用领域，它们不光考虑其功能要求，还考虑了其他应用中的问题，如强度、刚度、轨迹精度、粉尘、温度、湿度等特殊要求。在设计工作站选用机器人时，应首先参考生产厂家提供的产品说明。

3. 工作站对生产节拍的要求

生产节拍是指完成一个工件规定的处理作业内容所要求的时间，也就是用户规定的年产量对机器人工作站工作效率的要求。生产周期是机器人工作站完成一个工件规定的作业内容所需要的时间，也就是工作站完成一个工件规定的处理作业内容所需要花费的时间。在总体设计阶段，首先要根据计划年产量计算出生产节拍，然后对具体工件进行分析，计算各个处理动作的时间，确定出完成一个工件处理作业的生产周期。将生产周期与生产节拍进行比较，当生产周期小于生产节拍时，说明这个工作站可以完成预定的生产任务；当生产周期大于生产节拍时，说明这个工作站不具备完成预定生产任务的能力。这时，就需要重新研究这个工作站的总体构思，或增加辅助装置，最大限度地发挥机器人的效率，使某些辅助工作时间与机器人的工作时间尽可能重合，缩短总的生产周期；或增加机器人数量，使多台机器人同时工作，缩短零件的处理周期；或改革处理作业的工艺过程，修改工艺参数。如果这些措施仍不能满足生产周期小于生产节拍的要求，就要增设相同的机器人工作站，以满足生产节拍。

4. 安全规范及标准

由于机器人工作站的主体设备机器人是一种特殊的机电一体化装置，与其他设备的运行特性不同。机器人在工作时是以高速运动的形式掠过比其基座大很多的空间，其手臂的运动形式和启动难以预料，有时会随作业类型和环境条件而改变。同时，在其关节驱动器通电的情况下，维修及编程人员有时需要进入其限定空间。另外，由于机器人的工作空间常与其周边设备工作区重合，从而极易发生碰撞、夹挤或由于手爪松脱而使工件飞出等危险，特别是在工作站内多台机器人协同工作的情况下，发生危险的可能性更高。因此，在工作站的设计过程中，必须充分分析可能的危险情况，预测可能的事故风险。

根据国家标准《工业机器人安全规范》，在做安全防护设计时，应遵循以下两条原则：

1) 自动操作期间安全防护空间内无人。

2) 当安全防护空间内有人进行示教、程序验证等工作时，应消除危险或至少降低危险。

为了保证上述原则的实施，在工作站设计时，通常应该做到：设计足够大的安全防护空间，在该空间的周围设置可靠的安全围栏，在机器人工作时，所有人员不能进入围栏；应设有安全联锁门，当该门开启时，工作站中的所有设备不能启动工作。

工作站必须设置各种传感器，包括光屏、电磁场、压敏装置、摄像装置、超声波装置和红外装置等。当人员无故进入防护区时，利用这些传感器能立即使工作站中的各种运动设备停止工作。

当人员必须在设备运动条件下进入防护区工作时，机器人及其周边设备必须在降速条件下启动运转。工作者附近的地方应设急停开关，围栏外应有监护人员，并随时可操纵急停开关。

用于有害介质或有害光环境下的工作站，应设置遮光板、罩或其他专用安全防护装置。

机器人的所有周边设备，必须分别符合各自的安全规范。

上面讲述了机器人工作站的一般设计原则，在工程实际中，要根据具体情况灵活掌握和综合使用这些原则。随着科学技术的不断发展，一定会不断充实设计理论，提高工作站及生产线的设计水平。

8.2　焊接工作站

本节导入

　　焊接加工一方面要求焊工具有熟练的操作技能、丰富的实践经验和稳定的焊接水平；另一方面，焊接又是一种劳动环境极差、烟尘多、热辐射大、危险性高的工作。工业机器人的出现使人们自然而然地联想到使用其代替人工焊接，不仅可以减轻焊接工人的劳动强度，同时也能保证焊接质量、提高生产效率。在焊接生产过程中采用机器人焊接是工业现代化的主要标志。

8.2.1　焊接机器人的特点及分类

　　目前，焊接机器人作为一种广泛使用的自动化设备，具有通用性强、工作稳定等优点，且操作简单、功能丰富，日益受到人们重视。归纳起来，焊接机器人主要具有以下优点：

本节思维导图

1）可稳定地提高焊接工件的焊接质量。

2）提升企业的劳动生产率。

3）改善工人的劳动环境，降低劳动强度，替代工人在恶劣环境下作业。

4）降低对工人操作技术的要求。

5）缩短产品改型换代的时间周期，减少资金投入。

6）一定程度上解决了"请工人难""用工荒"问题。

根据焊接工艺的不同，焊接机器人可以分为点焊机器人、弧焊机器人、激光焊接机器人等。

1. 点焊及点焊机器人

（1）点焊　点焊是指焊接时利用柱状电极在两块搭接工件接触面之间形成焊点的焊接方法。点焊时，先加压使工件紧密接触，随后接通电流，在电阻热的作用下工件接触处熔化，冷却后形成焊点。点焊主要用于厚度 4mm 以下的薄板冲压件焊接，特别适合汽车车身和车厢、飞机机身的焊接，但不能焊接有密封要求的容器。点焊可分为单点焊及多点焊。多点焊是用两对或两对以上电极，同时或按自控程序焊接两个或两个以上焊点的点焊。

点焊主要应用在以下几个方面：

1）薄板冲压件搭接，如汽车驾驶室、车厢、收割机鱼鳞筛片等。

2）薄板与型钢构架和蒙皮结构，如车厢侧墙和顶棚、拖车厢板、联合收割机漏斗等。

3）筛网和空间构架及交叉钢筋等。

（2）点焊机器人　点焊机器人是用于点焊自动作业的工业机器人，末端持握的作业工具是焊钳。世界上第一台点焊机器人于 1965 年开始使用，是美国 Unimation 公司推出的 Unimate 机器人。

实际上，工业机器人在焊接领域的最早应用是在汽车生产线上的点焊。点焊对机器人的要求并不高，因为点焊只需点位控制，对焊钳在点与点间的移动轨迹没有严格要求。对机器人的定位精度、重复定位精度的控制要求不高，这也是机器人最早能用于点焊的主要原因。

一般来说，装配一台汽车车体需要几千个焊点，其中半数以上的焊点由机器人操作完成。最初，点焊机器人只被用于增强焊接作业，后来逐渐被用于定位焊接作业，如图 8-1 所示。

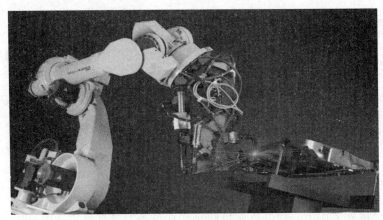

图 8-1 点焊机器人

点焊机器人主要应用于汽车行业，包括整车厂（白车身）、零部件厂（轮罩、底板等）。随着我国人口红利的逐步消失和劳动力价格的不断上涨，机器人应用进入快速发展期，在家电、电器等传统行业中，针对薄板焊接也开始应用点焊机器人代替人工和专用焊接机器，充分利用机器人的柔性和快速性，适应多种类产品的高效混流生产或快速切换。

2. 电弧焊及弧焊机器人

（1）电弧焊 电弧焊是指以电弧作为热源，利用空气放电的物理现象，将电能转换为焊接所需的热能和机械能，从而达到连接金属的目的。其主要方法有焊条电弧焊、埋弧焊、气体保护焊等，它是应用最广泛、最重要的熔焊方法，适用于各种金属材料、各种厚度、各种结构形状的焊接，占焊接生产总量的 60% 以上。

（2）弧焊机器人 弧焊机器人是指用于进行自动电弧焊的工业机器人，其末端持握的工具是焊枪。由于弧焊过程比点焊过程要复杂一些，TCP（焊丝端头）的运动路径、焊枪的姿态、焊接参数都要求精确控制。所以，弧焊机器人除了前面所述的基础功能外，还必须具备一些适应弧焊要求的功能。从理论上讲，5 轴焊接机器人就可以用来进行电弧焊，但是对于复杂形状的焊缝，用 5 轴焊接机器人却较难完成焊接。因此，除非焊缝比较单一，否则应尽量采用 6 轴焊接机器人。

随着弧焊工艺在各行各业的普及，弧焊机器人已经在汽车零部件、通用机械、金属结构等许多领域得到广泛应用。弧焊过程中，被焊工件由于局部加热熔化和冷却而产生变形，焊缝亦发生变化；又由于弧焊过程伴有强光、烟尘、熔滴过渡不稳而引起焊丝短路等复杂环境因素，机器人检测和是否正确提取焊缝所需要信号并不像其他加工制造过程那么容易。焊接机器人技术的应用并非一开始用于弧焊作业，而是伴随着传感器发展及其在焊接机器人中的应用，使机器人弧焊作业的焊缝跟踪与控制问题得到解决。图 8-2 所示为焊接机器人用于汽车零部件的焊接作业。

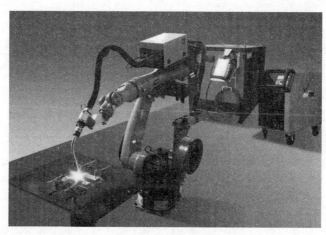

图 8-2 弧焊机器人

在我国，弧焊机器人主要应用于汽车、工程机械、摩托车、铁路、船舶、航空航天、军工、自行车、家电等多种行业。其中，以汽车零部件行业的应用为最多，工程机械次之。随着机器人技术、传感技术和焊接设备的发展，用户对机器人认知度的提高，以及国内机器人系统集成商的逐步成熟，越来越多的行业开始应用弧焊机器人。

3. 激光焊接与激光焊接机器人

（1）激光焊接 激光焊接是利用高能量密度的激光束作为热源的一种高效精密焊接方法。激光焊接是激光材料加工技术应用的重要方面之一，20 世纪 70 年代主要用于焊接薄壁材料和低速焊接。其焊接过程属热传导型，即激光辐射加热工件表面，表面热量通过热传导向内部扩散，通过控制激光脉冲的宽度、能量、峰值功率和重复频率等参数，使工件熔化，形成特定的熔池。由于其独特的优点，已成功应用于微、小型零件的精密焊接中。

激光焊接生产效率高和易实现自动化控制的特点使得激光焊接非常适用于大规模生产线和柔性制造。其中，激光焊接在汽车制造领域中的许多成功应用已经凸显激光焊接的特点和优势。

（2）激光焊接机器人 激光焊接机器人是用于激光焊接自动作业的工业机器人，通过高精度工业机器人实现更加柔性的激光加工作业，其末端持握的工具是激光加工头。图 8-3 所示为激光焊接机器人。激光焊接机器人以半导体激光器作为焊接热源，广泛应用于手机、便携式计算机等电子设备摄像头的零件焊接。现代金

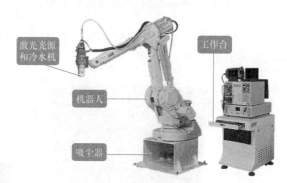

图 8-3 激光焊接机器人

属加工对焊接强度、外观效果等质量要求越来越高，传统焊接手段由于极大的热传输，会不可避免地带来工件扭曲、变形等问题。

8.2.2 点焊机器人工作站

1. 点焊机器人工作站的系统组成

点焊机器人虽然有多种结构形式，但大体上都可以分为 3 大组成部分，即机器人本体、点焊焊接系统及控制系统。点焊机器人的控制系统由本体控制部分及焊接控制部分组成。本体控制部分主要是实现示教再现、焊点位置及精度控制，控制分段的时间及程序转换，还通过改变主电路晶闸管的导通角从而实现焊接电流控制。

点焊机器人工作站的系统组成如图 8-4 所示。

点焊机器人的焊钳是指将电焊用的电极、焊枪架和加压装置等紧凑汇总的焊接装置。

（1）电焊控制器　焊接电流、通电时间和电极加压力是电焊的三大条件，而电焊控制器是合理控制这三大条件的装置，是电焊作业系统中最重要的设备。图 8-5 所示为电焊控制器。

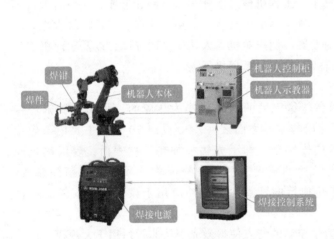

图 8-4　点焊机器人工作站的系统组成

图 8-5　电焊控制器

（2）供电系统　供电系统主要包括电源和机器人变压器，如图 8-6 所示。其作用是为点焊机器人系统提供动力。

a) 电源　　　　　　　　　　b) 机器人变压器

图 8-6　供电系统

（3）供气系统　供气系统包括气源、水气单元、焊钳进气管等，其中水气单元包括压力开关、电缆、阀门、管子、回路连接器和接触点等，用于提供水气回路。供气系统如图8-7所示。

（4）供水系统　供水系统包括冷却水循环装置、焊钳冷水管、焊钳回水管等。由于电焊是低压大电流焊接，在焊接过程中，导体会产生大量热量，所以焊钳、焊钳变压器需要水冷。供水系统如图8-8所示。

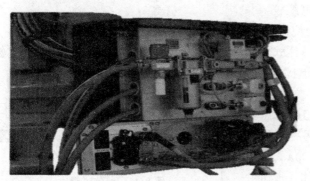
图 8-7　供气系统

图 8-8　供水系统

2. 点焊焊钳的分类

1）从阻焊变压器与焊钳的结构关系上可将焊钳分为分离式、内藏式和一体式。

① 分离式焊钳。该焊钳的特点是阻焊变压器与钳体相分离，钳体安装在机器人手臂上，而焊接变压器悬挂在机器人的上方，可在轨道上沿着机器人手腕移动的方向移动，两者之间用二次电缆相连，如图8-9所示。其优点是减小了机器人的负载，运动速度高，价格便宜。

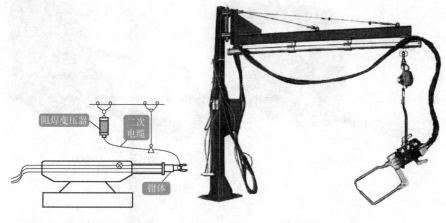
a) 分离式焊钳示意图　　　　　　　b) 分离式焊钳实际应用
图 8-9　分离式焊钳

分离式焊钳的主要缺点是需要大容量的阻焊变压器，电力损耗较大，能源利用率低。此外，粗大的二次电缆在焊钳上引起的拉伸力和扭转力作用于机器人的手臂上，限制了点焊工作区间与焊接位置的选择。

分离式焊钳可采用普通的悬挂式焊钳及阻焊变压器。二次电缆需要特殊制造，一般将两条导线做在一起，中间用绝缘层分开，每条导线还要做成空心的，以便通水冷却。此外，电缆还要有一定的柔性。

② 内藏式焊钳。这种结构是将阻焊变压器安放到机器人手臂内，使其尽可能地接近钳体，变压器的二次电缆可以在内部移动。内藏式焊钳如图 8-10 所示。

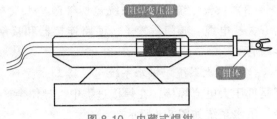

图 8-10　内藏式焊钳

当采用这种形式的焊钳时，必须同机器人本体统一设计。其优点是二次电缆较短，变压器的容量可以减小，但是会使机器人本体的设计变得复杂。

③ 一体式焊钳。机器人常用的一体式焊钳就是将阻焊变压器和钳体安装在一起，然后共同固定在机器人手臂末端的法兰盘上，如图 8-11 所示。其主要优点是省掉了粗大的二次电缆及悬挂变压器的工作架，直接将阻焊变压器的输出端连到焊钳的上下机臂上；另一个优点是节省能量。例如，输出电流为 12000A，分离式焊钳需 75kV·A 的变压器，而一体式焊钳只需 25kV·A 的变压器。一体式焊钳的缺点是焊

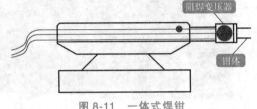

图 8-11　一体式焊钳

钳重量显著增大，体积也变大，要求机器人本体的承载能力大于 60kg。此外，焊钳重量在机器人活动手腕上产生惯性力，易于引起过载，这就要求在设计时尽量减小焊钳重心与机器人手臂轴心线间的距离。

2）点焊机器人焊钳从用途上可分为 X 形和 C 形两种，如图 8-12 所示。

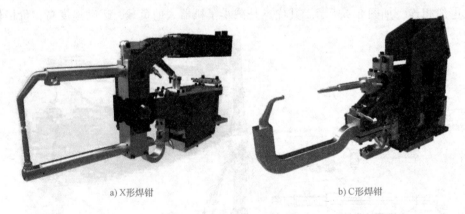

a) X形焊钳　　　　　　　　　　　　　b) C形焊钳

图 8-12　X 形与 C 形焊钳

X 形焊钳则主要用于点焊水平及近于水平倾斜位置的焊缝，C 形焊钳用于点焊垂直及近于垂直倾斜位置的焊缝。

3）按焊钳的行程，焊钳可以分为单行程和双行程。

4）按加压的驱动方式，焊钳可以分为气动焊钳和电动焊钳，如图 8-13 所示。气动焊钳利用气缸来加压，可具有 2~3 个行程，能够使电极完成大开、小开和闭合 3 个动作，电极压力一旦调定不能随意变化，目前比较常用。电动焊钳采用伺服电动机驱动完成焊钳的张开和闭合，焊钳张开度可任意选定并预置且电极间的压紧力可无级调节。

a) 气动焊钳　　　　　　　　　　　b) 电动焊钳

图 8-13　气动焊钳与电动焊钳

5）按焊钳变压器的种类，焊钳可以分为工频焊钳和中频焊钳。中频焊钳是利用逆变技术将工频电转化为 1000Hz 的中频电。这两种焊钳最主要的区别就是变压器本身，焊钳的机械结构原理完全相同。

6）按焊钳的加压力大小，焊钳可以分为轻型焊钳和重型焊钳。电极加压力在 450kg 以上的焊钳称为重型焊钳，电极加压力在 450kg 以下的焊钳称为轻型焊钳。

7）按电极臂驱动形式的不同，焊钳可分为气动和电动机伺服驱动。

8）按使用材质的不同，焊钳主要有铸造焊臂、铬锆铜焊臂和铝合金焊臂三种形式。

3. 周边设备

点焊机器人的周边设备包括电极修磨机、点焊机压力测试仪和焊机专用电流表等，如图 8-14 所示。

a) 电极修磨机　　　　b) 点焊机压力测试仪　　　　c) 焊机专用电流表

图 8-14　周边设备

8.2.3　弧焊机器人工作站

1. 弧焊机器人工作站的系统组成

典型的弧焊机器人工作站主要包括机器人系统（机器人本体、机器人控制柜、示教盒）、焊接电源系统（焊机、送丝机、焊枪、焊丝盘支架）、焊枪防碰撞传感器、变位机、焊接工装系统（机械、电控、气路/液压）、清枪器、控制系统（PLC 控制柜、HMI 触摸屏、操作台）、安全系统（围栏、安全光栅、安全锁）和排烟除尘系统（自净化除尘设备、排烟罩、管路）等。弧焊机器人工作站通常采用双工位或多工位设计，采用气动/液压焊接夹具，机器人（焊接）与操作者（上下料）在各工位间交替作业。操作人员将工件装夹固定后，按下操作台启动按钮，弧焊机器人完成另一侧焊接工作后，自动转到已装好的待焊工件工位焊接。此方式可避免或减少机器人等候时间，提高生产率。图 8-15 所示为弧焊机器人工作站的系统组成。

图 8-15　弧焊机器人工作站的系统组成

2. 弧焊机器人的主要结构形式和性能

世界各国生产的焊接机器人基本上属于关节式机器人，绝大部分为 6 轴机器人。其中，1、2、3 轴可将末端执行器送到不同位置，而 4、5、6 轴解决工具姿态的不同要求。弧焊机器人本体的机械结构主要有两种形式：平行四边形结构和串联式关节结构。

串联式关节结构的主要优点是上、下臂活动范围大，机器人工作空间几乎可达一个球体。因此，这种机器人可倒挂在机架上工作，节省占地面积，方便地面物件流动。

平行四边形机器人上臂通过一根拉杆驱动，拉杆与下臂组成一个平行四边形的两条边。早期开发的平行四边形机器人工作空间比较小（局限于机器人前部），难以倒挂工作。但 20 世纪 80 年代后期以来，新型平行四边形机器人（平行机器人）已能把工作空间扩大到机器人顶部、背部及底部，无须考虑侧置式机器人的刚度问题，从而得到普遍重视。此结构不仅适用于轻型机器人，也适用于重型机器人。近年来，弧焊机器人大多选用平行四边形结构形式的机器人。

3. 焊枪的结构与分类

（1）焊枪的结构　焊枪是指在弧焊过程中执行焊接操作的部件。焊枪的结构如图 8-16 所示。

（2）焊枪的分类　焊枪按冷却方式分为气冷式、水冷式两类，如图 8-17 所示。

气冷式焊枪通常重量轻、体积小且坚实，比水冷式焊枪便宜，但是一般只能使用 125A 以下的焊接电流，所以一般情况下用于焊接薄板上使用率低的地方，而它的操作温度比水冷式焊枪高。水冷式焊枪的冷却水系统由水箱、水泵和冷却水管及水压开关组成。水箱里的冷却水经水泵流经冷却水管，经水压开关后流入焊枪，然后经冷却水管再回流入水箱，形成冷却水循环。水压开关的作用是保证当冷却水未流经焊枪时，焊接系统不能起动焊接，以保护焊枪，避免由于未经冷却而被烧坏。

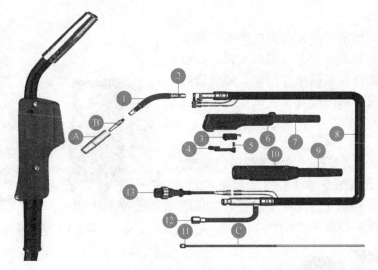

图 8-16　焊枪的结构

A—锥喷嘴　　B—导电嘴　　C—钢导丝簧　　1—弯枪颈　　2、11—O 形圈 8×1.5　3—微动开关　4—扳机　5—扳机簧
6—前枪壳　7—前胶套　8—电缆总成　9—后胶套　10—后枪壳　12—进气接头总成　13—二芯插头组件

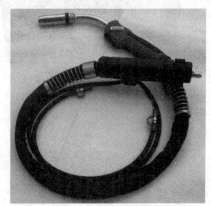

a) 气冷式　　　　　　　　　　　　b) 水冷式

图 8-17　焊枪的冷却方式

按与机器人连接的结构形式，焊枪分为内置式、外置式，如图 8-18 所示。

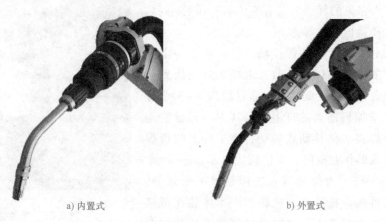

a) 内置式　　　　　　　　　　　　b) 外置式

图 8-18　焊枪与机器人连接的结构形式

4. 弧焊电源

弧焊电源是用来对焊接电弧提供电能的专用设备，如图 8-19 所示。其负载是电弧，它必须具有弧焊工艺所要求的电气性能，如合适的空载电压、一定形状的外特征、良好的动态特性和灵活的调节特性等。

5. 送丝机

弧焊送丝机是为焊枪自动输送焊丝的装置，一般安装在机器人第 3 轴上，由送丝电动机、加压控制柄、送丝滚轮、送丝导向管、加压滚轮等组成，如图 8-20 所示。

图 8-19　弧焊电源

a) 送丝机实物

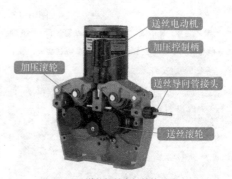

b) 送丝机的内部结构

图 8-20　送丝机

6. 焊丝盘架

焊丝盘架可装在机器人第 1 轴上也可放置在地面上。焊丝盘架用于固定焊丝盘，如图 8-21 所示。

7. 辅助装置

弧焊机器人常见的辅助装置有变位机、滑移平台、清枪装置和自动换枪装置等。

（1）变位机　对于有些焊接场合，由于工件空间几何形状过于复杂，使焊接机器人末端工具无法到达指定的焊接位置或姿态，此时可以通过增加 1~3 个外部轴的办法来增加机器人的自由度。其中一种做法是采用变位机让焊接工件移动或转动，使工件上的待焊部位进入机器人的作业空间。变位机如图 8-22 所示。

（2）滑移平台　为使机器人应用领域不断延伸，保证大型结构件的焊接作业，把机器人本体装在可移动的滑移平台或龙门架上，以扩大机器人本体的作业

图 8-21　焊丝盘架

图 8-22　变位机

空间。滑移平台如图 8-23 所示。

（3）清枪装置　机器人在施焊过程中焊钳的电极头氧化磨损、焊枪喷嘴内外残留的焊渣以及焊丝干伸长的变化等势必影响到产品的焊接质量及其稳定性。在焊接系统中添加清枪装置，可以有效清除残留的焊渣，提升产品质量，常见的清枪装置有焊钳电极修磨机（点焊）和焊枪自动清枪站（弧焊），如图8-24 所示。

图 8-23　滑移平台

a) 焊钳电极修磨机

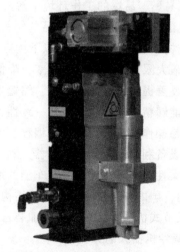

b) 焊枪自动清枪站

图 8-24　清枪装置

（4）自动换枪装置　在弧焊机器人作业过程中，需要定期更换焊枪或清理焊枪配件，如导电嘴、喷嘴等，这样不仅浪费工时，且增加维护费用。采用自动换枪装置可有效解决此问题，使得机器人空闲时间大为缩短。

8.3 喷涂工作站

本节导入

　　喷涂机器人又称为喷漆机器人，是一种自动喷漆或喷涂其他涂料的工业机器人。1969年挪威 Trallfa 公司（后并入 ABB 集团）制造了第一台喷涂机器人。在喷涂技术高度发展的今天，企业进入一个新的竞争格局，即更环保、更高效、更低成本及更有竞争力。由于喷涂作业对从业工人的健康有威胁，机器人喷涂正成为一个在尝试中不断迈进的新领域。喷涂机器人一般采用液压驱动，具有动作速度快、防爆性能好等特点，可通过手把手示教或点位示教来实现示教。喷涂机器人广泛用于汽车、仪表、电器、搪瓷等工艺生产部门。较先进的喷涂机器人手腕采用柔性手腕，既可向各个方向弯曲，又可转动，其动作类似人的手腕，能方便地通过较小的孔伸入工件内部，喷涂其内表面。

8.3.1 喷涂机器人的特点及分类

本节思维导图

微课视频

1. 喷涂机器人的特点

　　喷涂机器人作为一种典型的喷涂自动化装备，具有工件涂层均匀、重复定位精度好、通用性强、工作效率高等特点，能够将工人从有毒、易燃、易爆的工作环境中解放出来，因此，汽车、工程机械制造、3C 产品（计算机类、通信类、消费类电子产品的统称）及家具建材领域广泛应用喷涂机器人。机器人喷涂与传统机械喷涂相比，具有以下优点：

　　1）最大限度提高涂料利用率，降低有害挥发性有机物排放量。

　　2）显著提高喷枪运动速度，缩短生产周期，提高效率。

　　3）能够精确保证喷涂工艺一致性，获得更高质量的产品。

　　4）易操作和维护，可离线编程，大大缩短现场调试时间。

　　5）设备利用率高，喷涂机器人利用率可达 90%～95%。

　　6）柔性大，可实现多品种车型的混线生产。

　　目前，国内外的喷涂机器人从结构上大多数仍采取与通用工业机器人相似的 5 或 6 自由度串联关节式机器人，在其末端加装自动喷枪。

2. 喷涂机器人的分类

　　喷涂机器人有多种分类方式。

　　1）按照手腕结构划分，喷涂机器人应用中较为普遍的主要有两种：球型手腕喷涂机器人和非球型手腕喷涂机器人。

　　球型手腕喷涂机器人与通用工业机器人手腕结构类似，手腕三个关节轴线相交于一点，即目前绝大多数商用机器人采用的 Ben-dix 手腕，如图 8-25 所示。该手腕结构能够保证机器人运动学逆解具有解析解，便于离线编程控制，但由于其手腕第二关节不能实现 360°旋转，故工作空间相对较小。采用球型手腕的喷涂机器人为紧凑型结构，其工作半径多在 0.7～

1.2m，多用于小型工件的喷涂。

非球型手腕喷涂机器人手腕的 3 个轴线并非如球型手腕机器人一样相交于一点，而是相交于两点。非球型手腕机器人相对于球型手腕机器人来说更适合喷涂作业。该型喷涂机器人每个腕关节转动角度都能达到 360°以上，手腕灵活性更强，机器人工作空间较大，特别适用于复杂曲面及狭小空间内的喷涂作业。但由于非球型手腕运动学逆解无解

图 8-25　球型手腕喷涂机器人

析解，增大了机器人控制难度，难以实现离线编程。

非球型手腕喷涂机器人根据相邻轴线的位置关系可分为正交非球型手腕和斜交非球型手腕两种。图 8-26 所示为正交非球型手腕喷涂机器人。图 8-27 所示为斜交非球型手腕喷涂机器人。

图 8-26　正交非球型手腕喷涂机器人

图 8-27　斜交非球型手腕喷涂机器人

实际生产中喷涂机器人很少采用正交非球型手腕，主要因为其在结构上相邻腕关节彼此垂直，易造成从手腕穿过的管路出现较大弯折、堵塞甚至折断。相反，斜交非球型手腕采用中空结构，各管线从中穿过直接连接末端喷枪，作业过程中内部管线较为柔顺，故被各大厂商所推崇。

2）按照喷涂方式划分，喷涂机器人分为有气喷涂机器人和无气喷涂机器人。

有气喷涂机器人也称为低压有气喷涂机器人，喷涂机依靠低压空气使涂料在喷出枪口后形成雾化气流作用于物体表面（墙面或木器面），有气喷涂相对于手刷而言无刷痕，而且平面相对均匀，单位工作时间短，可有效缩短工期。有气喷涂机器人如图 8-28 所示。

无气喷涂机器人可用于高黏度油漆施工，而且边缘清晰，甚至可用于一些有边界要求的喷涂项目。无气喷涂机器人如图 8-29 所示。

3）按照结构划分，喷涂机器人分为仿形喷涂机器人和移动式喷涂机器人。

图 8-28　有气喷涂机器人

图 8-29　无气喷涂机器人

3. 对喷涂机器人的要求

在喷涂作业过程中，高速喷枪的轴线要与工件表面法线在一条直线上，高速喷枪端面要与工件表面始终保持恒定距离，并完成往复蛇形轨迹，要求喷涂机器人有足够的工作空间和尽可能紧凑灵活的手腕，即手腕关节要尽可能短。其他基本性能要求如下：

1）能通过示教器方便地设定流量、雾化气压等参数。

2）具有供漆系统，能方便地换色、混色，确保高质量、高精度。

3）具有多种安装方式。

4）能够与转台、滑台、输送链等一系列工艺设备集成。

5）结构紧凑，减少喷房尺寸，降低通风要求。

8.3.2　喷涂机器人工作站的系统组成

典型的喷涂机器人工作站主要由操作机、机器人控制系统、供漆系统、自动喷枪/旋杯、喷房、防爆吹扫系统等组成，如图8-30所示。

喷涂机器人与普通机器人相比，操作机在结构方面的差别除了球型手腕与非球型手腕外，主要是防爆、油漆以及空气管路和喷枪布置导致的差异，归纳起来有以下几个特点：

1）手臂工作范围大，喷涂作业可灵活避障。

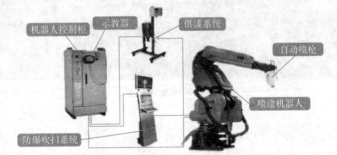
图 8-30　喷涂机器人工作站的系统组成

2）手腕一般有 2~3 个自由度，轻巧快速，适合内部狭窄空间及复杂工作喷涂。

3）较先进的喷涂机器人采用中空手臂和柔性中空手腕。

4）一般工艺水平手臂搭载喷涂工艺系统，缩短清洗、换色时间，提高生产效率。

8.3.3　喷涂工作站的应用

喷涂机器人的应用范围越来越广，除了在汽车、家用电器和仪表壳体的喷涂作业中大量采用外，在涂胶、铸型涂料、耐火饰面材料等作业中也应用广泛。

1. 喷涂机器人生产线

完整的喷涂机器人生产线及柔性喷涂单元除机器人和自动喷涂设备外，还包括周边辅助设备，例如机器人行走单元、工件传送（旋转）单元、空气过滤系统、输调漆系统、喷枪清理装置、喷涂生产线控制盘等。图 8-31 所示为 ABB 汽车自动喷涂系统。

图 8-31 ABB 汽车自动喷涂系统

2. 喷涂工作站的供漆系统

供漆系统主要由涂料单元控制盘、气源、流量调节器、齿轮泵、涂料混合器、换色阀、供漆供气管路及监控管线组成，如图 8-32 所示。

a) 流量调节器　　　　　　　　　　　　b) 齿轮泵

c) 涂料混合器　　　　　　　　　　　　d) 换色阀

图 8-32 供漆系统

对于喷涂机器人，根据所采用的喷涂工艺不同，"手持"喷枪及配备的喷涂系统也存在差异。

在喷涂时，为获得高质量涂膜，除了对机器人动作的柔性和精度、供漆系统以及自动喷枪/旋杯的精准控制外，对喷涂环境的最佳状态也提出一定要求，例如无尘、恒温等，喷房由此应运而生。一般来说，喷房由喷涂作业工作室、收集有害挥发性有害物质的废气舱、排气扇等组成。

3. 喷涂工艺

常见的喷涂工艺包括空气喷涂、高压无气喷涂和静电喷涂。

（1）空气喷涂　空气喷涂是利用压缩空气将涂料雾化的喷涂方法，广泛应用于汽车家具及各行各业，可以说是操作方便、换色容易、雾化效果好、可以得到细致修饰的高质量表面的涂装方法。空气喷涂一般用于家具、3C产品外壳以及汽车等产品的喷涂，如图8-33所示。

图 8-33　空气喷涂

（2）高压无气喷涂　高压无气喷涂是一种较先进的喷涂方法，采用增压泵将涂料增压至6~30MPa高压，通过细喷孔喷出，使涂料形成雾化气流。高压无气喷涂是用于物体表面（墙面或木器面）的一种喷涂方式，具有较高的涂料传递效率和生产效率，表面质量明显高于空气喷涂。高压无气喷涂如图8-34所示。

（3）静电喷涂　静电喷涂一般以接地的被涂物为阳极，接电源负高压的雾化涂料为阴极，使涂料雾化颗粒带电荷，通过静电作用吸附在工件表面。静电喷涂通常应用于金属表面或导电性良好且结构复杂的表面、球面、圆柱面等的喷涂，其中高速旋杯式静电喷枪已成为应用最为广泛的工业喷涂设备。静电喷涂如图8-35所示。

图 8-34　高压无气喷涂

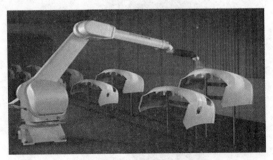

图 8-35　静电喷涂

尽管传统喷涂工艺与高压无气喷涂仍被广泛应用，但近几年来，静电喷涂特别是旋杯式静电喷涂工艺凭借其高质量、高效率及节能环保等优点已成为现代汽车行业车身喷涂的主要手段之一，并且被广泛应用于其他领域。

8.4　码垛工作站

本节导入

　　码垛机器人是继人工和码垛机后出现的智能化码垛作业设备，不仅可以改善劳动环境，而且能够减轻劳动强度，保证人身安全，减少辅助设备，提高生产效率。码垛机器人可使运输工业加快码垛效率，提升物流速度，获得整齐统一的码垛，减少物料破损和浪费。因此，码垛机器人将逐步取代传统码垛机以实现生产制造"新自动化""新无人化"，码垛行业也会因为码垛机器人的出现而进入新起点。

8.4.1　码垛机器人的特点及分类

　　码垛机器人就是能把货物按照一定的摆放顺序与层次整齐地堆叠好的机器人。码垛应用实况如图 8-36 所示。

本节思维导图

图 8-36　码垛应用实况

　　码垛机器人作为一种新兴智能码垛设备，具有作业高效、码垛稳定等优点，可以把工人从繁重的体力劳动中解放出来，已经在各行业包装物流产线中发挥重要作用。

　　总的来说，码垛机器人具有以下优点：

1）占地面积小，作业范围大，减少资源浪费。

2）能耗低，降低运行成本。

3）提高生产效率，使工人避免繁重的体力劳动。

4）改善工人劳动条件，避免在有毒有害的环境中工作。

5）柔性高、适应性强，可对不同物料码垛。

6）定位准确，稳定性高。

　　码垛机器人作为工业机器人一员，其结构和其他机器人的结构形式相似。码垛机器人与搬运机器人本体上无很大区别，码垛机器人本体比搬运机器人大；在实际生产中码垛机器人多为 4 轴且多数带有辅助连杆，连杆用于增加力矩和平衡；码垛机器人多数不能进行横向或纵向移动，通常安装在物流线末端。常见码垛机器人的结构多为关节式、摆臂式和龙门式，如图 8-37 所示。

a) 关节式码垛机器人　　　　b) 摆臂式码垛机器人　　　　c) 龙门式码垛机器人

图 8-37　码垛机器人的结构

8.4.2　码垛机器人工作站的系统组成

　　码垛机器人需配备相应的辅助设备组成一个柔性系统才能进行码垛作业。码垛机器人工作站主要包括机器人和码垛系统。以关节式码垛机器人为例，常见的码垛机器人工作站由操作机、控制系统、码垛系统（气体发生装置、液压发生装置）和安全保护装置组成，如图 8-38 所示。操作者通过示教器和操作面板进行码垛机器人运动位置和动作程序示教，设定速度、码垛参数等。

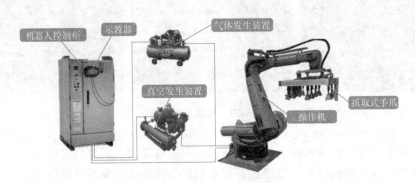

图 8-38　码垛机器人工作站的系统组成

　　关节式机器人本体多为 4 轴，也有 5 轴和 6 轴的码垛机器人，但实际包装码垛物流线中，5 轴和 6 轴码垛机器人用得较少。码垛在物流末端执行，码垛机器人安装在底座上，其位置高低由生产线高度、托盘高度及码垛层数共同决定。多数情况下，码垛精度的要求没有机床上下搬运精度高，为节约成本、降低投入资金、提高效益，4 轴码垛机器人足以满足日常码垛要求。

　　码垛机器人的末端执行器是夹持物品移动的一种装置，常见形式有吸附式、夹板式、抓取式和组合式。

1. 吸附式

　　在码垛机器人中，吸附式末端执行器主要为气吸附手爪，广泛应用于医药、食品、烟酒等行业。吸附式末端执行器如图 8-39 所示。

2. 夹板式

夹板式手爪是码垛过程中最常见的一类手爪，常见的夹板式手爪有单板式和双板式，如图 8-40 所示。手爪主要用于整箱或规则盒码垛，可用于各行各业。夹板式手爪的夹持力度比吸附式手爪大，可一次码垛一箱（一盒）或多箱（多盒），且两侧板光滑不会损坏产品外观。不论单板式还是双板式的侧板一般都会有可旋转的抓钩，工作状态时与侧板成 90°角。

图 8-39　吸附式末端执行器

a) 单板式

b) 多板式

图 8-40　夹板式手爪

3. 抓取式

图 8-41 所示为抓取式末端执行器，可灵活适应不同形状的物料。其中，直杆式双气缸平移夹持器的结构夹持器指端安装在装有指端安装座的直杆上，当压力气体进入单作用式双气缸的两个有杆腔时，两活塞向中间移动，工件被夹紧；当没有压力气体进入时，弹簧推动两个活塞向外伸出，工件被松开。为保证两活塞同步运动，在气缸的进气路上安装分流阀。上下料装配工作站采用的多为此种末端执行器。

图 8-41　抓取式末端执行器

4. 组合式

组合式具有各种单组手爪优势，灵活性较大，各单组手爪之间既可单独使用又可配合使用，可同时满足多个工位码垛。组合式手爪如图 8-42 所示。

抓钩　　　吸盘

真空吸取式+抓取式组合机械手抓

图 8-42　组合式手爪

8.4.3　码垛工作站的应用

码垛工作站是一种集成化系统，可以和生产系统相连接形成一个完整的集成化包装码垛生产线。码垛工作站包括码垛机器人、控制器、编程器、机器人手爪、自动拆/叠盘机、托盘输送及定位设备和码垛模式软件。它还配置自动称重、贴标签和检测及通信系统，并与生产控制系统相连接，以形成一个完整的集成化包装生产线。

图 8-43 为码垛机器人生产线的示意图。该生产线的整体工艺流程如下：成品箱→输送、翻转机→码垛机→成品输送。

图 8-43　码垛机器人生产线的示意图

　　1. 周边设备

　　常见码垛机器人的辅助装置有金属检测机、重量复检机、自动剔除机、倒袋机、整形机、待码输送机、传送带等。

　　（1）金属检测机　为防止在生产制造过程中混入金属等异物，需要金属检测机进行流水线检测。金属检测机如图 8-44 所示。

　　（2）重量复检机　重量复检机在自动化码垛流水作业中起到重要作用，可以检测出前工序是否漏装、多装，可以对合格品、欠重品、超重品进行统计，从而进行产品质量控制。重量复检机如图 8-45 所示。

图 8-44　金属检测机

图 8-45　重量复检机

　　（3）自动剔除机　自动剔除机安装在金属检测机和重量复检机之后，主要用于剔除含金属异物及重量不合格的产品。自动剔除机如图 8-46 所示。

　　（4）倒袋机　倒袋机将输送过来的袋装码垛物按照预定程序进行输送、倒袋、转位等操作，以按流程进入后续工序。倒袋机如图 8-47 所示。

图 8-46　自动剔除机

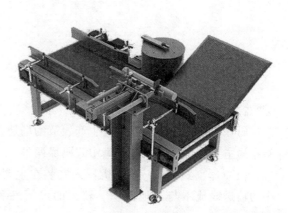

图 8-47　倒袋机

　　（5）整形机　整形机主要针对袋装码垛物，经整形机整形后袋装码垛物内可能存在的积聚物会均匀分散，之后进入后续工序。整形机如图 8-48 所示。

（6）待码输送机　待码输送机是码垛机器人生产线的专用输送设备，将码垛货物聚集于此，便于码垛机器人末端执行器抓取，可提高码垛机器人灵活性。待码输送机如图 8-49 所示。

图 8-48　整形机

图 8-49　待码输送机

（7）传送带　传送带是自动化码垛生产线上必不可少的一个环节，其针对不同的厂源条件可选择不同的形式。传送带如图 8-50 所示。

a) 组合式传送带

b) 转弯式传送带

图 8-50　传送带

2. 工位布局

码垛工作站的布局以提高生产、节约场地、实现最佳物流码垛为目的，常见的码垛工作站布局主要有全面式码垛和集中式码垛两种。

（1）全面式码垛　码垛机器人安装在生产线末端，可针对一条或两条生产线，具有较小的输送线成本与占地面积、较大的灵活性和增加生产量等优点。全面式码垛如图 8-51 所示。

（2）集中式码垛　码垛机器人被集中安装在某一区域，可将所有生产线集中在一起，具有较高的输送线成本，节省生产区域资源，节约人员维护，一人便可全部操纵。集中式码垛如图 8-52 所示。

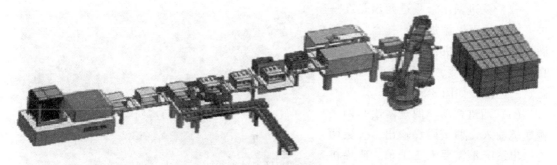

图 8-51　全面式码垛

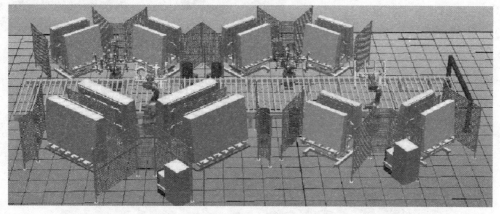

图 8-52　集中式码垛

3. 码垛进出规划

按码垛进出情况规划常见的有一进一出、一进两出、两进两出和四进四出等形式。

（1）一进一出　一进一出常出现在厂源相对较小、码垛线生产比较繁忙的情况，此类型码垛速度较快，托盘分布在机器人左侧或右侧，缺点是需人工换托盘，浪费时间。一进一出如图 8-53 所示。

图 8-53　一进一出

（2）一进两出 一进两出是在一进一出的基础上添加输出托盘，一侧满盘信号输入，机器人不会停止等待直接码垛另一侧，码垛效率明显提高。一进两出如图 8-54 所示。

（3）两进两出 两进两出是两条输送链输入、两条码垛输出。多数两进两出系统不需要人工干预，码垛机器人自动定位摆放托盘，是目前应用最多的一种码垛形式，也是性价比最高的一种规划形式。两进两出如图 8-55 所示。

图 8-54　一进两出

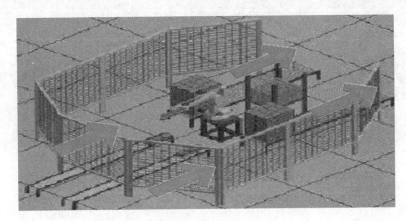

图 8-55　两进两出

（4）四进四出 四进四出系统多配有自动更换托盘功能，主要应用于多条生产线的中等产量或低等产量的码垛。四进四出如图 8-56 所示。

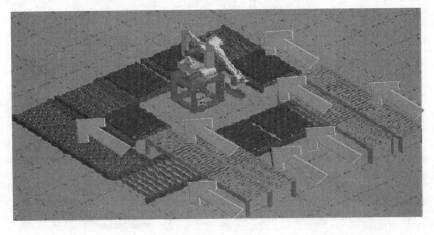

图 8-56　四进四出

8.5 搬运工作站

本节导入

搬运机器人可以安装不同的末端执行器,以完成不同形态和形状的工件搬运,大大减轻了人类繁重的体力劳动。目前,搬运机器人被广泛应用在机床上下料、冲压机自动化生产线、集装箱搬运等场合。

8.5.1 搬运机器人的特点及分类

本节思维导图

搬运机器人是可以进行自动搬运作业的工业机器人,搬运时其末端执行器夹持工件,将工件从一个加工位置移动至另一个加工位置。

1. 搬运机器人的优点

1) 能部分代替工人操作,可进行长期重载作业,生产效率高。

2) 定位准确,保证批量一致性。

3) 能够在有毒、辐射等危险环境下工作。

4) 动作稳定,搬运准确性较高。

5) 生产柔性高,适应性强,可实现多形状不规则物料的搬运。

6) 降低制造成本,提高生产效益,实现工业自动化生产。

2. 搬运机器人的分类

(1) 龙门式搬运机器人 龙门式搬运机器人的坐标系主要由 X 轴、Y 轴和 Z 轴组成。其多采用模块化结构,可依据负载位置、大小等选择对应直线运动单元及组合结构形式,可实现大物料、重吨位搬运;采用直角坐标系,编程方便快捷,广泛运用于生产线转运及机床上下料等大批量生产过程。龙门式搬运机器人如图 8-57 所示。

(2) 悬臂式搬运机器人 悬臂式搬运机器人的坐标系主要由 X 轴、Y 轴和 Z 轴组成,也可随不同的应用采取相应的结构形式,广泛运用于卧式机床、立式机床及特定机床内部和冲压机、热处理机床自动上下料。悬臂式搬运机器人如图 8-58 所示。

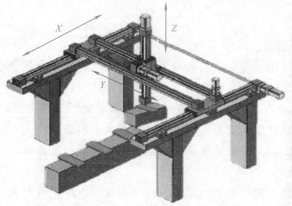

图 8-57 龙门式搬运机器人

图 8-58 悬臂式搬运机器人

（3）侧壁式搬运机器人 侧壁式搬运机器人的坐标系主要由 X 轴、Y 轴和 Z 轴组成，也可随不同的应用采取相应的结构形式，主要运用于立体库类，如档案自动存取、全自动银行保管箱存取系统等。侧壁式搬运机器人如图 8-59 所示。

（4）摆臂式搬运机器人 摆臂式搬运机器人的坐标系主要由 X 轴、Y 轴和 Z 轴组成。Z 轴主要是升降，也称为主轴。Y 轴的移动主要通过外加滑轨。X 轴末端连接控制器，其绕 X 轴的转动实现 4 轴联动。摆臂式搬运机器人广泛应用于国内外生产厂家，是关节式机器人的理想替代品，但负载程度比关节式机器人小。摆臂式搬运机器人如图 8-60 所示。

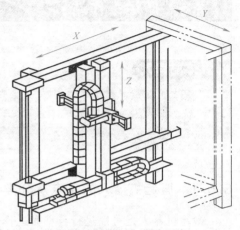

图 8-59 侧壁式搬运机器人

（5）关节式搬运机器人 关节式搬运机器人是工业生产中常见的机型之一，其拥有 5~6 个轴，行为动作类似人的手臂，具有结构紧凑、占地空间小、相对工作空间大、自由度高等特点，适合于几乎任何轨迹或角度的工作。关节式搬运机器人如图 8-61 所示。

图 8-60 摆臂式搬运机器人

图 8-61 关节式搬运机器人

8.5.2 搬运机器人工作站的系统组成

搬运机器人工作站的系统组成如图 8-62 所示，其中实现搬运任务的为搬运作业系统。

搬运作业系统主要包括真空发生装置、气体发生装置、液压发生装置等。通常企业都会有一个大型真空负压站，为整个生产车间提供气源和真空负压。一般由单台或双台真空泵作为获得真空环境的主要设备，以真空罐为真空存储设备，连接电气控制部分组成真空负压站。双泵工作可加强系统的保障性。对于频繁使用真空源而所需抽气量不太大的场合，该真空站系统比直接使用真空泵作为真空源节约能源，并有效延长真空泵的使用寿命，提高企业经济效益。

主要的周边设备为滑移平台。加滑移平台是搬运机器人增加自由度的常用方法，可安装在地面上或龙门框架上。滑移平台如图 8-63 所示。

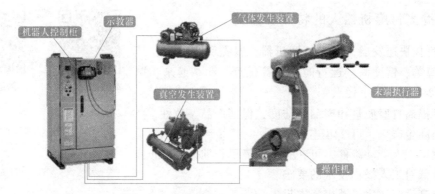

图 8-62　搬运机器人工作站的系统组成

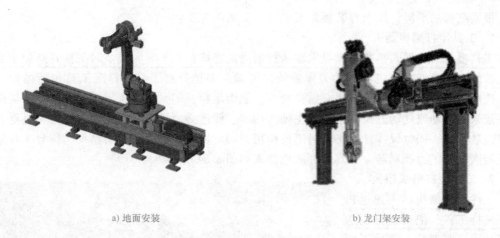

a) 地面安装　　　　　　　　　　　　　　　b) 龙门架安装

图 8-63　滑移平台

8.6　抛光打磨工作站

本节导入

　　抛光打磨是制造业中一项不可或缺的基础工序。大到重型机械、汽车，小到手机、小家电，甚至水龙头，都离不开抛光打磨。不锈钢、大理石等传统打磨抛光工艺主要由人工手动将工件放置在机器上完成打磨抛光作业，此类加工作业粉尘、碎屑较多，加工噪声异常巨大，对操作人员造成身体上的伤害，而且还会出现工件加工精度不足等问题。绝大部分年轻人完全不想进入此类行业就业，从而出现了"招工难""用工荒"的现状。因此，抛光打磨机器人逐渐受到社会所重视，很多企业开始引进抛光打磨机器人来代替人工，用于处理烦琐、机械化且对工人伤害很大的抛光打磨作业。机器人打磨抛光工件比手工打磨的工件产品质量要更稳定，效率更高，进一步提高了产品的合格率，克服工人因疲惫或其他原因导致的生产质量不稳定。

8.6.1 抛光打磨机器人的特点及分类

随着科技快速发展，抛光打磨机器人日益受到重视，其具有操作简单、精度高、运行时间长等优点。归纳起来，抛光打磨机器人具有如下优点：

本节思维导图　　微课视频

1）可提高打磨质量和产品光洁度，保证产品一致性。

2）提高生产率，可 24h 连续生产。

3）改善工人劳动条件，可在有害环境下长期作业。

4）降低对工人操作技术的要求。

5）提高生产效率，减少资本投入。

6）加快产品更新换代。

根据结构的不同，抛光打磨机器人可以分为以下 3 类：

1. 工具型打磨机器人

工具型打磨机器人是通过操纵末端执行器固定连接打磨工具，完成对工件打磨加工的自动化系统。工具型打磨机器人的刀库系统，可储存多把打磨工具。打磨工具包括抛光、磨削、铣削工艺加工的铣刀、磨头、抛光轮等，能满足粗、细、精加工等工艺要求。末端执行器一般采用电动或气动方式，电动机主轴的功率、转速必须满足打磨需求。为避免机器人和道具过载损坏，同时保持打磨工具对工件作用力相对恒定，以保证打磨精度，部分工具型打磨机器人配备了力控制器。工具型打磨机器人如图 8-64 所示。

2. 工件型打磨机器人

工件型打磨机器人通过机械手夹持工件，把工件分别送到各种固定打磨床，完成不同的工艺加工。其中，以砂带打磨机器人最为典型。工件打磨机器人配备的打磨设备，按打磨工艺要求应分别配置砂带机、毛刷机、砂轮机、抛光机、打磨台等，按精度要求应分别配置粗加工、半精加工、高精加工等设备。工件型打磨机器人可根据打磨需要配置力控制器，

图 8-64　工具型打磨机器人

通过力传感器及时反馈机器人在打磨过程中与打磨设备的附着力以及打磨程度，防止机器人过载或工件打磨过度，从而保证工件打磨的一致性。工件型打磨机器人如图 8-65 所示。

3. 机器人加磨床

机器人加磨床即各种品牌机器人加上磨床，用于完成工件加工作业。在工业应用中，此类抛光打磨机器人柔性大，可完成大型工件的加工制造。

8.6.2 抛光打磨机器人工作站的系统组成

无论何种行业，批量生产过程中包含打磨（抛光）工序，就必然需要自动化设备，而

a) 砂带机打磨工件

b) 打磨台打磨工件

图 8-65　工件型打磨机器人

打磨（抛光）工艺作业的非标准性及对打磨动作的灵活性要求，成为通用打磨（抛光）机的技术障碍。将打磨（抛光）工具和机器人结合成为单个机器人打磨（抛光）系统或完整的机器人打磨（抛光）设备，辅以传输线和相应的夹具技术研发成完整的打磨工序自动化生产线，可高效完成非标准件自动化打磨（抛光）作业工艺。针对不同形状、材质的零件进行精密打磨（抛光），需要选择适当的打磨（抛光）工具和磨料以及正确的打磨工序。图 8-66 所示为抛光打磨机器人工作站的系统组成。

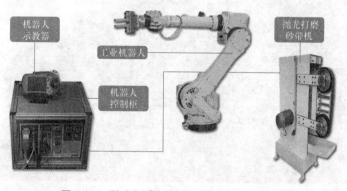

图 8-66　抛光打磨机器人工作站的系统组成

在大型设备中，抛光打磨用砂带机的启停由 PLC 进行控制，根据工件的抛光打磨需求对砂带机转速进行控制；一些小型加工或单个工件加工中，可由机器人 I/O 口输出信号控制砂带机的启停。

8.6.3 抛光打磨工作站的应用

实际上，抛光打磨工作站早已在国外被广泛应用于多个领域。瑞典的阿西亚公司（ASEA）在 20 世纪 70 年代已研发出专门进行抛光的机器人和工作站，到目前为止，这四台机器人和相应工作站仍在持续使用，迄今已打磨抛光了 40 余年。目前，国际上较有实力的抛光打磨机器人公司主要分布在美国、欧洲、澳大利亚等国家和地区。抛光打磨机器人在福特、路虎等车辆制造公司早已被用于轮毂、保险杠、前杠等车用零件加工制造。

1. 抛光打磨工作站单元

图 8-67 所示为工业机器人与两台抛光打磨砂带机制成的抛光打磨工作站单元，两台砂带机通过不同的砂带实现粗、精加工等工序过程，该工作站主要用于小型工件抛光打磨。

图 8-67 抛光打磨工作站单元

2. 抛光打磨机器人生产线

抛光打磨市场很大，主要用于卫浴、五金行业、IT 行业、汽车零部件、工业零件、医疗器械、木材、建材、家具制造、民用产品等行业。目前，在国内诸多领域早已将抛光打磨机器人投入生产。图 8-68 所示为用于水龙头的机器人抛光打磨生产线。该生产线主要由机

图 8-68 用于水龙头的机器人抛光打磨生产线

器人本体、打磨装置、抛光装置、取料储料装置、成品出料装置等多个部分组成，通过机器人自动抓取水龙头和对水龙头进行打磨抛光处理，从而实现水龙头打磨抛光工艺流程的标准化、自动化。

8.7 本章小结

工业机器人目前已成为重要的自动化装备，在工业生产中需要根据作业内容、工作形式给工业机器人配以相适应的辅助机械装置，构成工业机器人工作站。本章重点介绍了焊接、搬运、喷涂、码垛等典型工业机器人应用系统及周边设备等相关内容，并介绍了常见的工业机器人行业应用案例。

📖 **思维导图**

扫码查看本章高清思维导图全图

💬 **思考与练习**

一、填空题

1. 工具型打磨机器人是通过操纵_____固定连接打磨工具，完成对工件打磨加工的自动化系统。

2. 焊接机器人可分为_____、_____、_____等。

3. 按喷涂方式分，喷涂机器人可分为_____、_____。

4. 码垛机器人的末端执行器是夹持物品移动的一种装置，常见形式有_____、_____、_____、_____。

5. 码垛机器人工作站包括_____、控制器、编程器、_____、自动拆/叠盘机、托盘输送及定位设备和_____。

二、判断题

1. 工件型打磨机器人通过机械手夹持工件，把工件分别送到各种固定打磨床，完成不同的工艺加工。（　　）

2. 点焊机器人至少具有 4 个自由度。（　　）

3. 典型的喷涂机器人工作站主要由操作机、机器人控制系统、供漆系统、自动喷枪/旋杯、喷房、防爆吹扫系统等组成。（　　）

4. 码垛生产线的整体工艺流程如下：成品箱→码垛机→输送、翻转机→成品输送。（　　）

三、选择题

1. 激光焊接机器人具有非接触性，送锡装置的点径最小可以到（　　）mm。

　　A. 0.01　　　　　B. 0.02　　　　　C. 0.2　　　　　D. 0.5

2. 在码垛机器人中，吸附式末端执行器主要为（　　）手爪，广泛应用于医药、食品、烟酒等行业。

　　A. 气吸附　　　　B. 夹板式　　　　C. 抓取式　　　　D. 组合式

四、简答题

1. 简述抛光打磨机器人具有的优点。

2. 简述焊接机器人具有的优点。

3. 简述喷涂机器人具有的优点。

4. 简述码垛机器人具有的优点。

扫码查看答案

参 考 文 献

[1]　孙树栋. 工业机器人技术基础 [M]. 西安：西北工业大学出版社，2006.

[2]　戴凤智，乔栋. 工业机器人技术基础及其应用 [M]. 北京：机械工业出版社，2020.

[3]　王保军，滕少峰. 工业机器人基础 [M]. 武汉：华中科技大学出版社，2015.

[4]　兰虎，鄂世举. 工业机器人技术及应用 [M]. 2版. 北京：机械工业出版社，2020.

[5]　郝丽娜. 工业机器人控制技术 [M]. 武汉：华中科技大学出版社，2018.

[6]　周正鼎，沈阳，周志文. ABB工业机器人技术应用项目教程 [M]. 西安：西安电子科技大学出版社，2019.

[7]　张明文. 工业机器人入门实用教程（ABB机器人）[M]. 哈尔滨：哈尔滨工业大学出版社，2018.

[8]　张明文. 工业机器人知识要点解析（ABB机器人）[M]. 哈尔滨：哈尔滨工业大学出版社，2017.

[9]　钟健，鲍清岩. 工业机器人基础编程与调试——KUKA机器人 [M]. 北京：电子工业出版社，2019.

[10]　李正祥，宋祥弟. 工业机器人操作与编程（KUKA）[M]. 北京：北京理工大学出版社，2017.

[11]　张明文. 工业机器人入门实用教程（FANUC机器人）[M]. 哈尔滨：哈尔滨工业大学出版社，2017.

[12]　张炎，张玲玲. FANUC工业机器人基础操作与编程 [M]. 北京：电子工业出版社，2019.

[13]　张明文. 工业机器人入门实用教程（YASKAWA机器人）[M]. 哈尔滨：哈尔滨工业大学出版社，2018.

[14]　宋云艳，周佩秋. 工业机器人离线编程与仿真 [M]. 北京：机械工业出版社，2017.

[15]　叶晖. 工业机器人典型应用案例精析 [M]. 北京：机械工业出版社，2013.

[16]　刘怀兰，欧道江. 工业机器人离线编程仿真技术与应用 [M]. 北京：机械工业出版社，2020.

[17]　汪励，陈小艳. 工业机器人工作站系统集成 [M]. 北京：机械工业出版社，2019.

[18]　周文军. 工业机器人工作站系统集成（ABB）[M]. 北京：高等教育出版社，2018.

[19]　胡毕富，陈南江，林燕文. 工业机器人离线编程与仿真技术（RobotStudio）[M]. 北京：高等教育出版社，2019.

[20]　叶晖. 工业机器人工程应用虚拟仿真教程 [M]. 北京：机械工业出版社，2014.

[21]　刘杰，王涛. 工业机器人离线编程与仿真项目教程 [M]. 武汉：华中科技大学出版社，2019.